"十二五"职业教育国家规划教材

经全国职业教育教材审定委员会审定

中等职业学校教学用书（计算机动漫与游戏制作）

三维设计软件应用

（3ds Max）

向　华　主编

电子工业出版社

Publishing House of Electronics Industry

北京·BEIJING

内 容 简 介

本书根据教育部颁发的《中等职业学校专业教学标准（试行）信息技术类（第一辑）》中的相关教学内容和要求编写。本书的编写从满足经济发展对高素质劳动者和技能型人才的需求出发，在课程结构、教学内容、教学方法等方面进行了新的探索与改革创新，以利于学生更好地掌握本课程的内容，利于学生理论知识的掌握和实际操作技能的提高。

全书采用任务驱动模式，提出了24个兼具实用性与趣味性的具体工作任务，介绍了3ds Max在建模、材质、灯光、摄像机和动画等方面的基本使用方法和操作技巧。通过大量的工作任务实施和上机实战训练，突出了对实际操作技能的培养。

本书提供电子教学资源包，为"三维动画"课程的教学提供了方便。其中，"任务相关文档"文件夹提供了各章所有任务的实施结果及相关素材，"场景"文件夹提供了完成部分任务以及上机实训所需要的场景文件，"拓展训练"文件夹提供了上机实训的操作结果，"材质"文件夹则提供了各类常用材质贴图。

本书是计算机动漫与游戏制作专业的专业核心课程教材，也可作为各类计算机动漫与游戏制作培训班的教材，还可以供计算机动漫与游戏制作人员参考学习。

未经许可，不得以任何方式复制或抄袭本书之部分或全部内容。
版权所有，侵权必究。

图书在版编目（CIP）数据

三维设计软件应用：3ds Max / 向华主编. —北京：电子工业出版社，2015.8

ISBN 978-7-121-24835-1

Ⅰ. ①三… Ⅱ. ①向… Ⅲ. ①三维动画软件—中等专业学校—教材 Ⅳ. ①TP391.41

中国版本图书馆 CIP 数据核字（2014）第 274999 号

策划编辑：杨　波
责任编辑：桑　昀
印　　刷：北京七彩京通数码快印有限公司
装　　订：北京七彩京通数码快印有限公司
出版发行：电子工业出版社
　　　　　北京市海淀区万寿路 173 信箱　邮编　100036
开　　本：787×1 092　1/16　印张：17.25　字数：441.6 千字
版　　次：2015 年 8 月第 1 版
印　　次：2024 年 9 月第 12 次印刷
定　　价：35.00 元

编审委员会名单

主任委员：

武马群

副主任委员：

王　健　韩立凡　何文生

委　　员：

丁文慧	丁爱萍	于志博	马广月	马永芳	马玥桓	王　帅	王　苒	王　彬
王晓姝	王家青	王皓轩	王新萍	方　伟	方松林	孔祥华	龙天才	龙凯明
卢华东	由相宁	史宪美	史晓云	冯理明	冯雪燕	毕建伟	朱文娟	朱海波
向　华	刘　凌	刘　猛	刘小华	刘天真	关　莹	江永春	许昭霞	孙宏仪
杜　珺	杜宏志	杜秋磊	李　飞	李　娜	李华平	李宇鹏	杨　杰	杨　怡
杨春红	吴　伦	何　琳	佘运祥	邹贵财	沈大林	宋　薇	张　平	张　侨
张　玲	张士忠	张文库	张东义	张兴华	张呈江	张建文	张凌杰	张媛媛
陆　沁	陈　玲	陈　颜	陈丁君	陈天翔	陈观诚	陈佳玉	陈泓吉	陈学平
陈道斌	范铭慧	罗　丹	周　鹤	周海峰	庞　震	赵艳莉	赵晨阳	赵增敏
郝俊华	胡　尹	钟　勤	段　欣	段　标	姜全生	钱　峰	徐　宁	徐　兵
高　强	高　静	郭　荔	郭立红	郭朝勇	黄　彦	黄汉军	黄洪杰	崔长华
崔建成	梁　姗	彭仲昆	葛艳玲	董新春	韩雪涛	韩新洲	曾平驿	曾祥民
温　晞	谢世森	赖福生	谭建伟	戴建耘	魏茂林			

序 | PROLOGUE

当今是一个信息技术主宰的时代，以计算机应用为核心的信息技术已经渗透到人类活动的各个领域，彻底改变着人类传统的生产、工作、学习、交往、生活和思维方式。和语言和数学等能力一样，信息技术应用能力也已成为人们必须掌握的、最为重要的基本能力。职业教育作为国民教育体系和人力资源开发的重要组成部分，信息技术应用能力和计算机相关专业领域专项应用能力的培养，始终是职业教育培养多样化人才，传承技术技能，促进就业创业的重要载体和主要内容。

信息技术的发展，特别是数字媒体、互联网、移动通信等技术的普及应用，使信息技术的应用形态和领域都发生了重大的变化。第一，计算机技术的使用扩展至前所未有的程度，桌面电脑和移动终端（智能手机、平板电脑等）的普及，网络和移动通信技术的发展，使信息的获取、呈现与处理无处不在，人类社会生产、生活的诸多领域已无法脱离信息技术的支持而独立进行。第二，信息媒体处理的数字化衍生出新的信息技术应用领域，如数字影像、计算机平面设计、计算机动漫游戏、虚拟现实等；第三，信息技术与其他业务的应用有机地结合，如与商业、金融、交通、物流、加工制造、工业设计、广告传媒、影视娱乐等结合，形成了一些独立的生态体系，综合信息处理、数据分析、智能控制、媒体创意、网络传播等日益成为当前信息技术的主要应用领域，并诞生了云计算、物联网、大数据、3D 打印等指引未来信息技术应用的发展方向。

信息技术的不断推陈出新及应用领域的综合化和普及化，直接影响着技术、技能型人才的信息技术能力的培养定位，并引领着职业教育领域信息技术或计算机相关专业与课程改革、配套教材的建设，使之不断推陈出新、与时俱进。

2009 年，教育部颁布了《中等职业学校计算机应用基础大纲》，2014 年，教育部在 2010 年新修订的专业目录基础上，相继颁布了"计算机应用、数字媒体技术应用、计算机平面设计、计算机动漫与游戏制作、计算机网络技术、网站建设与管理、软件与信息服务、客户信息服务、计算机速录"等 9 个信息技术类相关专业的教学标准，确定了教学实施及核心课程内容的指导意见。本套教材就是以此为依据，结合当前最新的信息技术发展趋势和企业应用案例组织开发和编写的。

本套系列教材的主要特色

● **对计算机专业类相关课程的教学内容进行重新整合**

本套教材面向学生的基础应用能力，设定了系统操作、文档编辑、网络使用、数据分析、媒体处理、信息交互、外设与移动设备应用、系统维护维修、综合业务运用等内容；针对专业应用能力，根据专业和职业能力方向的不同，结合企业的具体应用业务规划了教材内容。

● **以岗位工作过程来确定学习任务和目标，综合提升学生的专业能力、过程能力和职位差异能力**

本套教材通过工作过程为导向的教学模式和模块化的知识能力整合结构，体现产业需求与专业设置、职业标准与课程内容、生产过程与教学过程、职业资格证书与学历证书、终身学习与职业教育的"五对接"。从学习目标到内容的设计上，本套教材不再仅仅是专业理论内容的复制，而是经由职业岗位实践——工作过程与岗位能力分析——技能知识学习应用内化的学习实训导引和案例。借助知识的重组与技能的强化，达到企业岗位情境和教学内容要求相贯通的课程融合目标。

● **以项目教学和任务案例实训作为主线**

本套教材通过项目教学，构建了工作业务的完整流程和岗位能力需求体系。项目的确定应遵循三个基本目标：核心能力的熟练程度，技术更新与延伸的再学习能力，不同业务情境应用的适应性。教材借助以校企合作为基础的实训任务，以应用能力为核心、以案例为线索，通过设立情境、任务解析、引导示范、基础练习、难点解析与知识延伸、能力提升训练和总结评价等环节引领学者在任务的完成过程中积累技能、学习知识，并迁移到不同业务情境的任务解决过程中，使学者在未来可以从容面对不同应用场景的工作岗位。

当前，全国职业教育领域都在深入贯彻全国工作会议精神，学习领会中央领导对职业教育的重要批示，全力加快推进现代职业教育。国务院出台的《加快发展现代职业教育的决定》明确提出要"形成适应发展需求、产教深度融合、中职高职衔接、职业教育与普通教育相互沟通，体现终身教育理念，具有中国特色、世界水平的现代职业教育体系"。现代职业教育体系的建立将带来人才培养模式、教育教学方式和办学体制机制的巨大变革，这无疑给职业院校信息技术应用人才培养提出了新的目标。计算机类相关专业的教学必须要适应改革，始终把握技术发展和技术技能人才培养的最新动向，坚持产教融合、校企合作、工学结合、知行合一，为培养出更多适应产业升级转型和经济发展的高素质职业人才做出更大贡献！

2014 年 11 月于大连

前言 | PREFACE

为建立健全教育质量保障体系，提高职业教育质量，教育部于 2014 年颁布了中等职业学校专业教学标准（以下简称专业教学标准）。专业教学标准是指导和管理中等职业学校教学工作的主要依据，是保证教育教学质量和人才培养规格的纲领性教学文件。在"教育部办公厅关于公布首批《中等职业学校专业教学标准（试行）》目录的通知"（教职成厅[2014]11 号文）中，强调"专业教学标准是开展专业教学的基本文件，是明确培养目标和规格、组织实施教学、规范教学管理、加强专业建设、开发教材和学习资源的基本依据，是评估教育教学质量的主要标尺，同时也是社会用人单位选用中等职业学校毕业生的重要参考。"

计算机动漫与游戏制作专业的职业范围

序号	对应职业（岗位）	职业资格证书举例	专业（技能）方向
1	计算机操作员	计算机操作员	
2	多媒体作品制作员	多媒体作品制作员	
3	数字视频合成师、影视动画制作员	数字视频合成师、影视动画制作员	动画片制作 电脑游戏制作与运营
4	数字视频（DV）策划制作师	数字视频（DV）策划制作师	电脑游戏制作与运营
5	动画绘制员	动画绘制员	动画片制作

本书特色

本书根据教育部颁发的《中等职业学校专业教学标准（试行）信息技术类（第一辑）》中的相关教学内容和要求编写。

1. 采用任务驱动模式

全书共提出了 24 个工作任务。每章按知识体系划分为若干节，而每一节则以一个涵盖相关知识点的工作任务为引领，提出了明确的任务目标和任务内容，并通过制作思路分析和图文并茂的操作步骤来完成任务的实施。在针对每一个工作任务进行必要知识基础铺垫的同时，也介绍了相关知识点的扩展应用。本书在工作任务的设计上，既注重对相关知识点的涵盖，又注重实用性、趣味性以及可拓展性。在各个效果图的展示方面则尽可能做到构图及色彩的协调和完美。

2. 强调实际操作技能的训练

本书的每一章均通过"拓展训练"结束，给出了目标明确的上机实训任务，全书共提供了 27 个精彩的上机实训。其中，针对每个实训任务指出了技能训练重点，突出了对实际操作能力的培养。每章的"习题与训练"部分，除了填空题和问答题之外，还布置了一个不带提示的操作题，以给学生提出必要的挑战，充分调动其学习积极性。

3. 强调 3ds Max 快捷键的应用

编者长期以来致力于校企合作课程开发，了解企业对学生 3ds Max 应用能力的具体需求，编者将这些需求体现在了本教材的编写中。例如，企业在应用 3ds Max 实施三维设计类项目时，会大量使用到快捷键，以提高工作效率。因此，本教材除了在任务实施过程中，尽量使用相关快捷键外，还在每一章的后面专门设置了一节"本章快捷键汇总"，对该章涉及的常用快捷键进行了归纳。

课时分配

本书参考课时为 108 学时，具体安排如下：

课时分配表（仅供参考）

总课时=6 课时/周*18 周

教学内容	理论（讲解与示范）	实训	合计
第 1 章 3ds Max 2012 中文版快速入门	4	4	8
第 2 章 三维基本体建模	4	6	10
第 3 章 二维图形建模	6	6	12
第 4 章 模型编辑	4	6	10
第 5 章 材质和贴图	8	8	16
第 6 章 灯光	4	4	8
第 7 章 摄影机	2	2	4
第 8 章 动画制作	8	10	18
第 9 章 粒子系统和空间扭曲	4	4	8
期末综合实训与考核		14	14
课时总计	**44**	**64**	**108**

本书作者

本书由向华主编，刘静、李杨、曾敏、韩艳、牟奇春、向宇、汪剑、雷春燕、杨焰等参与了本书的编写。在编写过程中，得到了成都职业技术学院计算机系全体同仁的支持和帮助，在此表示衷心的感谢！

由于编者水平有限，书中疏漏和不足之处难免，敬请读者批评指正。

教学资源

为了给教学提供方便，本书提供电子教学资源包，其中的"任务相关文档"文件夹提供了各章所有任务的实施结果及相关素材，"场景"文件夹提供了完成部分任务以及上机实训所需要的场景文件，"拓展训练"文件夹提供了上机实训的操作结果，"材质"文件夹则提供了各类常用材质贴图。

编 者

CONTENTS | 目录

3ds Max 2012 中文版快速入门

内容导读

　　Autodesk 公司推出的 3ds Max 是一个优秀并享有盛誉的三维设计软件，也是目前全球用户数量最多的三维设计软件，其功能集建模、材质和贴图、光效设计、动画制作、渲染与合成于一体。3ds Max 广泛应用于影视广告设计制作、建筑装潢设计制作、工业设计、影视特效、虚拟现实场景设计等领域。3ds Max 2012 与之前的版本相比，在建模、材质绘制等工具上有所增强。

　　本章重点展示 3ds Max 2012 中文版的概貌，并通过一个简单的入门动画介绍 3ds Max 2012 的基本功能、一般工作流程和工作界面，以及如何选择对象、变换对象、克隆对象等最常用和最基本的操作。

知识和技能	学 习 要 求	
	了　解	掌　握
3ds Max 2012 的一般工作流程	●	
3ds Max 2012 中文版的界面构成	●	
选择对象		●
移动、旋转和缩放对象		●
克隆对象		●
镜像		●
对齐		●

1.1 任务 1：制作一个简单的三维动画——体验 3ds Max 2012 中文版

1.1.1 预备知识 1：三维动画制作基本流程

3ds Max 的发展历经了十多个版本，几乎每一个版本的推出都较前有飞跃式的革新，但无论使用哪一个版本，甚至是无论使用哪一种三维设计软件，制作三维动画的流程都是相同的。三维动画制作的基本流程如下所述。

1．编制脚本

脚本是动画的基础，需要在脚本中确定动画的每一个情节，并绘制造型设计及场景设计的草图。

2．创建模型

根据前期的造型设计及场景设计，完成相关模型的创建。这是三维动画制作中很繁重也是很关键的一项工作。在 3ds Max 中创建模型时，可以从三维几何基本体开始，也可以使用二维图形作为放样或挤出对象的基础，还可以将对象转变成多种可编辑的曲面类型，然后通过拉伸顶点和使用其他编辑工具进一步建模。

常用的三维建模软件除了 3ds Max 外，还有 Maya 等。

3．使用材质及贴图

给模型指定材质及贴图，可使模型具有逼真的、生动的视觉效果。材质即材料的质地，具体体现在物体的颜色、透明度、反光度、反光强度、自发光及粗糙程度等特性上。贴图是指把二维图片通过软件的计算贴到三维模型上，形成表面细节和结构。

在 3ds Max 中使用【材质编辑器】即可完成设计材质及应用材质的操作。

4．设置灯光和摄影机

灯光起着照明场景、投射阴影及增添氛围的作用，可以创建各种属性的灯光来为场景提供生动的照明效果。

创建摄影机的目的是实现镜头效果，同时也方便场景的观察。摄影机的位置变化也能使画面产生动态效果。在 3ds Max 中创建的摄影机，能够像在真实世界中一样控制镜头的长度和视野，以及实现镜头的平移、推拉等功能。

5．制作动画

根据脚本中的动画设计，对已完成的造型和场景制作一个个动画分镜头。在 3ds Max 中，简单的动画可直接通过动画控制区的相关按钮进行制作，而较复杂的动画则需要通过动画曲线编辑器和动画控制器来实现。

6．渲染动画

三维动画必须经过渲染才能输出，从而得到最后的静态效果图或动画。渲染由渲染器来完成，不同的渲染器提供了不同的渲染质量，渲染质量越高，渲染所需的时间也就越长。

使用 3ds Max 的渲染器不仅可以给场景着色，而且还能实现光线跟踪、运动模糊、体积光照明和环境效果。

7．动画后期合成

后期合成是指按照脚本的要求，利用非线性编辑软件将各个动画分镜头连在一起，从而生成动画影视文件。在后期合成的过程中，可以加入声音、字幕，以及设置视频特效等。对影视类三维动画而言，后期合成是必不可少的一步。

常用的非线性编辑软件有 Adobe Premiere。3ds Max 内置的 Video Post 也提供了视频后期处理及图像合成处理功能。

1.1.2　预备知识 2：3ds Max 2012 中文版的工作界面

安装 3ds Max 2012 之后，双击桌面上的快捷方式图标 即可启动 3ds Max 2012。3ds Max 2012 中文版的工作界面布局如图 1-1 所示，由标题栏、菜单栏、工具栏、视图区、命令面板、状态栏、动画控制区、视图导航区 8 个部分构成。

图 1-1　3ds Max 2012 中文版的工作界面

1．标题栏

标题栏位于工作界面的最顶部。刚启动 3ds Max 2012 中文版时，标题栏的右端显示"无标题"。当在 3ds Max 2012 中打开一个已有的 Max 文件时，标题栏中将显示出该文件的文件名。

2．菜单栏

菜单栏位于标题栏下方，其中共有"编辑"、"工具"、"组"等 12 个下拉式菜单项，每个菜单项中又包含了很多命令项。各项菜单的功能介绍如下。

（1）"编辑"菜单

"编辑菜单"用于对场景中的物体进行选择、编辑、暂存和取回、撤销和重做，以及对象的移动、旋转和缩放等操作。"编辑"菜单中的常用命令如下：

"撤销" "撤销"命令与工具栏中的 ⟲ 按钮作用相同，用于撤销上一次的操作。撤销级别的默认值为 20，即可连续撤销前面 20 次操作。使用"自定义/首选项"菜单可以设置撤销级别，撤销级别的值越大，就越需要更多的系统资源。

"重做" "重做"命令与工具栏中的 ⟳ 按钮作用相同，用于重做刚才撤销的操作。

"暂存"和"取回" "暂存"命令可以将场景的当前状态临时保存到缓冲区中，使用"取回"命令即可恢复用暂存命令保存的场景状态。

"暂存"和"取回"是两个十分有用的命令。如果对即将执行的某一操作把握不大，担心会因该操作的失误而影响全局，那么就可以在执行该操作之前，使用"暂存"命令暂存当前的状态，以后再根据需要使用"取回"命令恢复保存的状态。

（2）"工具"菜单

"工具"菜单提供了场景资源管理器，以及镜像、阵列、对齐、快照等常用工具。

（3）"组"菜单

"组"菜单用于对场景中的对象进行成组、分解组、打开组、分离组、炸开组等操作。

（4）"视图"菜单

"视图"菜单提供了用于设置和控制视图的有关命令，如设置 ViewCube、设置视图背景，等。使用鼠标右键单击视图标签也可以访问该菜单上的某些命令。

（5）"创建"菜单

"创建"菜单用于创建标准基本体、扩展基本体、灯光、摄影机、粒子系统等各类对象，这些创建命令都可以在屏幕右侧的"创建"命令面板中找到。

（6）"修改器"菜单

"修改器"菜单提供了对物体进行修改编辑的所有命令，并对这些命令按其不同作用进行了分类。大部分命令与"修改"命令面板中"修改器列表"内的命令相同。

（7）"动画"菜单

"动画"菜单提供了各类动画控制器，用于控制和设置动画。

（8）"图形编辑器"菜单

"图形编辑器"菜单包含了轨迹视图和图解视图的相关命令，用于对动画进行控制。

（9）"渲染"菜单

"渲染"菜单提供了渲染、环境、效果、光能传递设置、材质编辑器等功能，使用其中的 Video Post 视频后期处理程序还可合成场景和图像。

（10）"自定义"菜单

"自定义"菜单让用户按照自己的喜好和习惯自定义 3ds Max 的用户界面，包括定制快捷键、定制菜单和颜色，等等。

（11）"MAXScript"菜单

"MAXScript"菜单是 3ds Max 的内置脚本语言，该菜单提供与脚本相关的命令，如新建、打开、运行脚本等。

（12）"帮助"菜单

"帮助"菜单提供了 3ds Max 2012 的各类在线帮助，该菜单对 3ds Max 初学者来说非常有用，如使用"Autodesk 3ds Max 帮助"命令，可打开 3ds Max 的帮助文档，如图 1-2 所示。使用"基本技能影片"命令，可打开"基本技能影片"对话框，如图 1-3 所示，在该对话框中访问介绍 3ds Max 基本操作的影片。使用"教程"命令可显示许多效果图和动画的制作教程。

图 1-2　Autodesk 3ds Max 帮助文档

图 1-3　"基本技能影片"对话框

（13）"文件"菜单

除了以上介绍的 12 个菜单项外，还有一个常用的"文件"菜单。单击 3ds Max 2012 工作界面左上角的 ⑤ 图标，即可打开"文件"菜单，如图 1-4 所示。

图 1-4　"文件"菜单

其中各命令如下所述。

"新建"　该命令将清除当前场景中的内容，并新建一个 Max 文件。

"重置"　该命令将清除当前场景中的所有内容及数据，并使系统恢复成启动时的默认状态。

"打开"　该命令用于打开一个扩展名为.max 的场景文件。选择该命令后，即弹出"打开文件"对话框，可在该对话框中选择要打开的场景文件。

"保存"和"另存为"　"保存"命令用于保存当前场景文件，如果当前场景一次都没有保存过，那么保存命令将弹出一个对话框，可在该对话框中指定保存文件的位置，并为要保存的文件命名。如果当前场景文件已经存在，那么使用"保存"命令时将直接用已更新的内容覆盖原有的文件。

"另存为"命令用于另存当前场景，该命令将弹出一个"文件另存为"对话框，可在该对话框中重新指定保存文件的位置，并可为要保存的文件重命名。

"导入"　该命令中包含"导入"、"合并"、"替换"3 个命令。其中，"导入"命令可以将 3ds Max 的网格文件、工程文件、AutoCAD 文件、IGES 文件、Lightscape 文件等导入 3ds Max 中。"合并"命令用于将外部文件中的对象插入当前场景中。"替换"命令用于将外部文件中的对象替换当前场景中的对象。

"导出"　用于将当前场景文件导出为外部文件格式，可以导出的文件格式有 3ds Max 的网格文件、Adobe Illustrator 文件、AutoCAD 文件、IGES 文件、Lightscape 文件等；也可将当前场景中的选定对象导出为外部文件格式。

3. 工具栏

工具栏包括"快速访问工具栏"和"主工具栏"。快速访问工具栏位于标题栏的左侧，主工具栏位于菜单栏下面。工具栏中包含了使用频率较高的工具按钮，使用这些按钮可以快速执行某项操作。

（1）查看更多的图标按钮

主工具栏中的按钮较多，当屏幕分辨率为 1024×768 时，并不能完全显示所有的工具按钮。如果想看到其他更多的按钮，可以把光标移到主工具栏上两个按钮之间的空白处，当光标变成手形时，按下鼠标左键左右拖动工具栏即可。

（2）主工具栏浮动面板

拖动主工具栏左边的两条竖线，可以使主工具栏呈现出浮动面板的形式，如图 1-5 所示。浮动面板可以根据个人的喜好拖到屏幕的不同位置。

图 1-5　主工具栏浮动面板

（3）按钮组

主工具栏中有一些按钮的右下角有一个小三角形，如 ■ 按钮和 ■ 按钮，等等。按钮右下角的小三角形表示这不是一个单独的按钮，而是一个按钮组，其中包含了若干个功能相似的按钮。把光标移到右下角有小三角形的按钮处，按下鼠标左键不放，即会弹出一组相似的工具按钮。例如，按下 ■ 按钮时，该按钮的下方会显示出 ■、■、■、■、■ 5 个按钮，这 5

个按钮分别用于以不同的区域方式选择对象。

🔊 提示

除了主工具栏内有按钮组之外，屏幕右下角的视图控制区中也有按钮组。

（4）快速访问工具栏

快速访问工具栏如图1-6所示。

图1-6 快速访问工具栏

▣ **新建场景** 清除当前场景中的内容，并新建一个 Max 文件。

▣ **打开文件** 用于打开一个扩展名为 .max 的场景文件。单击该按钮后，即弹出"打开文件"对话框，可在该对话框中选择要打开的场景文件。

▣ **保存文件** 用于保存当前场景文件。

▣ **撤销** 用于撤销上一次的操作。

▣ **重做** 用于重做刚才撤销的操作。

（5）主工具栏中的常用按钮

▣ **选择对象** 完成对单个或多个对象的选择。

▣ **按名称选择** 从名称列表中选择对象。

▣ **选择并移动** 选择并移动对象。

▣ **选择并旋转** 选择并旋转对象。

▣ **选择并均匀缩放** 选择并等比缩放对象。

▣ **捕捉开关** 精确定位捕捉三维空间中满足捕捉设置条件的任意点。

▣ **角度捕捉切换** 通常用于旋转操作时的角度间隔。

▣ **百分比捕捉切换** 通用捕捉系统，适用于涉及百分比的任何操作，如缩放或挤压，默认百分比捕捉增量设置为10%。

▣ **镜像** 对所选物体沿指定轴进行镜像翻转。

▣ **对齐** 将选定对象沿指定轴向与目标对象进行对齐操作。

▣ **材质编辑器** 单击该按钮可打开材质编辑器窗口。

▣ **渲染设置** 单击该按钮可打开渲染设置对话框。

▣ **渲染帧窗口** 单击该按钮可打开上一次的渲染帧窗口。

▣ **渲染产品** 使用当前产品级渲染设置渲染场景。

4．视图区

视图区是 3ds Max 2012 的主要工作区，用于观察并操作创建的各种对象。

（1）视图的类型

启动 3ds Max 2012 后，屏幕上会出现 4 个默认的视图，即顶视图、前视图、左视图、透视图。通过这 4 个视图，可以从三维空间的 4 个不同方位观察场景，如图 1-7 所示。其中，顶视图提供了对三维空间中物体的俯视效果；前视图提供了三维空间中的正视效果；左视图提供了三维空间中左视物体的效果，即使用户从左侧观察物体。

图 1-7　4 个视图

除了上述 4 个默认的视图之外，还有底视图、后视图、右视图和摄影机视图。

顶、前、左、底、后、右视图 6 个视图为正交视图，正交视图实际上是二维效果图，其中没有角度变化和透视效果，能够准确地表现物体的宽度和高度，以及对象的空间位置。结合各个正视图，能够快速完成对象在三维空间中的准确定位。

（2）活动视图

在视图区中，总有一个视图被一个黄色外框包围，这表明该视图是活动视图。在对某个视图进行调整操作时，必须先使该视图成为活动视图。

在一个视图内的任意位置单击鼠标，即可使该视图成为活动视图。

（3）调整视图

可以改变视图窗口的大小，方法是将鼠标指针移到视图的边界上，然后拖动鼠标即可改变视图的大小。在视图边界上单击鼠标右键，再在弹出的快捷菜单中选择"重置布局"，即可将视图布局恢复到默认状态。

操作中，可以根据需要把一个视图切换成其他视图。方法是用鼠标右键单击视图左上角的视图名称，然后在弹出的快捷菜单中选择一种视图即可，如图 1-8 所示。

也可以激活想要转变的视图（使之成为当前视图），再按相应的快捷键即可。用于切换视图的快捷键介绍如下。

T——顶视图

B——底视图

F——前视图

K——后视图

L——左视图

R——右视图

P——透视图

U——正交视图

C——摄影机视图

图 1-8　使用快捷菜单切换视图

（4）使用 ViewCube

ViewCube 是 3D 导航工具，通过 ViewCube 可以方便地在各种视图之间切换。默认情况下，ViewCube 显示在视图的右上角，如图 1-9 所示。

图 1-9　ViewCube

ViewCube 有两种显示状态，即非活动状态和活动状态。当 ViewCube 处于非活动状态时，默认情况下它在视图上方显示为透明，这样就不会完全遮住视图中的模型。当把光标置于 ViewCube 上方时，它将变成活动状态，这时它是不透明的，并且可能遮住视图中的模型。

单击 ViewCube 上的预定义区域或者拖动 ViewCube，可以更改当前视图。预定义区域包括：角点、边和面。

① 单击 ViewCube 上的角点，可以根据模型的三个面将模型的视图更改为 3/4 视图。

② 单击 ViewCube 上的边，可以根据模型的两个面将模型的视图更改为 3/4 视图。

③ 单击 ViewCube 上顶、底、前、后、左和右中的一个面，则可以将视图设置成相应的标准正交视图。

④ 当 ViewCube 处于活动状态时，四周会出现三角形，单击某个三角形可以切换到该三角形所指示的相邻面。

⑤ 将鼠标置于 ViewCube 上，然后拖动鼠标，可以滚动当前视图。

（5）设置视图的渲染级别

默认情况下，顶视图、前视图、左视图等正交视图中的对象以"线框"方式显示，透视图和摄影机视图中的对象以"真实"方式显示。把光标移到视图左上角的视图标签处，单击鼠标右键，即可在弹出的快捷菜单中选择其他显示方式，如图 1-10 所示，使用其中的"样式化"命令，还可以设置"彩色铅笔"、"墨水"等特殊的显示效果，如图 1-11 所述，显示了几种显示方式效果的对比。

图 1-10　选择视图的其他显示方式

（a）线框　　　　　　　　　　　　　　　　（b）真实

（c）真实 + 边面　　　　　　　　　　　　　（d）隐藏线

（e）彩色铅笔　　　　　　　　　　　　　　（f）墨水

图 1-11　几种常用显示方式效果的对比

5．命令面板

命令面板位于 3ds Max 工作界面的右侧，是 3ds Max 的核心部分，其中包括了创建对象及编辑对象的常用工具、命令以及相关参数。

（1）6 类命令面板

3ds Max 2012 提供了 6 类命令面板，分别用命令面板最上层的 6 个图标按钮进行切换，如图 1-12 所示。其中，单击"创建"按钮 ，打开"创建"命令面板后，该按钮下方又会出现 7 个子图标，如图 1-13 所示。这 7 个子图标分别用于创建不同类型的对象。例如，单击"几何体"按钮 ，可打开创建三维几何体的命令面板（本书将以"创建/几何体"的形式表示该命令面板）；单击"图形"按钮 ，可打开创建二维图形的命令面板。

图 1-12 切换不同命令面板的 6 个按钮

图 1-13 "创建"命令面板中的子图标

（2）卷展栏

命令面板内的所有命令按钮和各类参数都被分类组织在不同的卷展栏中，如 "创建/几何体命令面板中的"对象类型"卷展栏，其中包含了用于创建各种三维几何体的命令按钮，如"长方体"、"球体"、"圆柱体"等，如图 1-14 所示。

图 1-14 命令面板中的卷展栏

卷展栏名称"对象类型"前面的符号"–"，表示该卷展栏已经展开，单击卷展栏名称即可使该卷展栏折叠起来，这时符号"–"会变成"+"。相反，单击含有符号"+"的卷展栏名称，则会使该卷展栏展开。

当命令面板的内容太多而不能全部显示出来时，可以将光标移到命令面板的空白处，当光标变成手形时，鼠标左键上下拖动鼠标，即可显示出命令面板的其余内容。

6. 状态栏

状态栏位于 3ds Max 2012 主界面的底部左侧，如图 1-15 所示。状态栏提供了有关场景和活动命令的提示和状态信息，其中的坐标显示区域中可以输入变换值。对模型进行移动、旋转或缩放操作时，X、Y、Z 文本框内会显示出模型沿 X 轴、Y 轴和 Z 轴三个方向的位移、角度或缩放变化值。

图 1-15 状态栏

7．动画控制区

动画控制区位于状态栏的右边，使用其中的按钮可以录制动画、选择关键帧、播放动画以及控制动画时间，等等。在本书第 8 章中，将详细介绍动画控制区中各个按钮的用途。

8．视图导航区

视图导航区位于 3ds Max 2012 主界面的右下角，其中提供的一组图标按钮主要用于缩放视图中的显示图形，以及调整视图的观察角度。

视图导航区中的控件按钮取决于活动视图。透视图、正交视图、摄影机视图和灯光视图都拥有其特定的控件。活动视图是顶视图、前视图、左视图等正交视图时，视图导航区中的按钮如图 1-16（a）所示；活动视图是透视图时，视图导航区中的按钮如图 1-16（b）所示；活动视图是摄影机视图时，视图导航区中的按钮则如图 1-16（c）所示。

（a）正交视图的控制按钮　　　（b）透视图的控制按钮　　　（c）摄影机视图的控制按钮

图 1-16　视图导航区

视图导航区中的常用按钮功能介绍如下。

缩放 单击该按钮后，在某一视图中按下鼠标左键并上下拖动鼠标，可放大或缩小场景的显示。

缩放所有视图 单击该按钮后，在任意视图中按下左键并上下拖动鼠标，可放大或缩小所有视图的场景显示。

最大化显示选定对象 单击该按钮后，活动视图中的选定对象以最大化方式居中显示。

📢 **提示** ----

这是一个按钮组，其中还包含了另一个按钮，即 **最大化显示**，其功能是使活动视图中的所有可见对象以最大化方式居中显示。

所有视图最大化显示 单击该按钮后，将在所有视图中最大化显示所有可见对象，其快捷键为 Shift+Ctrl+Z 组合键。

📢 **提示** ----

这是一个按钮组，其中还包含了另一个按钮，即 **所有视图最大化显示选定对象**，其功能是在所有视图中最大化显示选定的对象。

缩放区域 按下该按钮后，可在顶视图、前视图和左视图等任意正交视图内拖动鼠标，以形成一个矩形区域，被围在矩形区域内的物体会放大至整个视图显示。缩放区域按钮对于局部观察模型和修改模型的细节非常有用，其快捷键为 Ctrl+W 组合键。

平移视图 单击该按钮后，可以在与当前视图平面平行的方向移动视图。

环绕 单击该按钮后，活动视图中会出现一个以黄色圆圈显示的用于控制视图旋转的轨迹球，可以在圈内、圈外以及圆圈上的 4 个控制柄处拖动鼠标来旋转视图，以改变场景的观察角度。该按钮主要用于对透视图的调整，其快捷键为 Alt+鼠标中键组合键。

最大化视口切换 单击该按钮后，活动视图会切换至全屏显示，再次单击该按钮则会恢复到原来的视图显示状态，其快捷键为 Alt+W 组合键。

▶ **视野**　该按钮是透视图和摄影机视图的控件。单击该按钮后，在透视图中上下拖动鼠标，将改变观察区域（视野）的大小。视野越大，看到的场景越多，而透视会扭曲，这与使用广角镜头相似。视野越小，看到的场景就越少，而透视会展平，这与使用长焦镜头相似。

1.1.3　预备知识 3：对象的基本操作

1．选择对象

如果想对某个对象进行修改操作，那么必须先在场景中选择该对象。3ds Max 2012 提供了多种选择对象的方法，其中常用的选择对象的方法介绍如下。

（1）单击选择对象

使用工具栏中的 ■、■、■ 或 ■ 按钮，均可在视图中单击选择对象。被选中的对象在视图中以白色线框显示，或是被一个白色的边框包围。

可以同时选择多个对象，方法是按住 Ctrl 键后再分别单击不同的对象。如果想取消对某个对象的选择，则可按住 Alt 键单击该对象。

（2）区域选择对象

工具栏中的区域选择工具提供了更加灵活方便的方式来选择多个对象。当按下工具栏中的 ■、■、■ 或 ■ 按钮时，可在视图中拖动鼠标形成一个选择框，被选择框包围的对象都会被选中。

与区域选择相关的工具按钮有两组：一组是定义选择区域形状的按钮组；另一组是"窗口/交叉"按钮组。

（1）定义选择区域形状的按钮组 ■。

该按钮组中包含了以下 5 个定义不同选择区域形状的按钮。

■ **矩形选择区域**　选择该按钮时，在视图中拖动鼠标将形成一个矩形选择框。

■ **圆形选择区域**　选择该按钮时，在视图中拖动鼠标将形成一个圆形选择框，常用于放射状的区域选择。

■ **围栏选择区域**　选择该按钮时，在视图中通过交替使用鼠标移动和单击操作（从拖动鼠标开始），可以画出一个不规则的多边形选择框。

■ **套索选择区域**　选择该按钮时，在视图中拖动鼠标将创建一个不规则选择区域轮廓。

■ **绘制选择区域**　选择该按钮时，在视图中拖动鼠标将出现一个小的圆形图标，该圆形图标触及的对象都将被纳入到所选范围之内。

（2）"窗口/交叉"按钮组。

工具栏中的 ■ 和 ■ 按钮提供了两种不同的选择模式。这两个按钮可以通过单击按钮进行切换。

■ **窗口**　该模式表示只选择完全位于选择区域之内的对象。

■ **交叉**　该模式表示选择位于选择区域内以及与选择区域边界交叉的所有对象。

（3）按名称选择对象

当场景中包含的对象较多时，用单击选择或区域选择的方法常常难以快速准确地选中对象，这时就可以采用按名称选择对象的方法。

单击工具栏上的"按名称选择"按钮 ，弹出 "从场景选择"对话框，如图 1-17 所示，该对话框中显示了场景内所有对象的名称，单击对象名称再单击"确定"按钮，即可选定该对象。

提示

创建对象时，系统会为其赋予一个默认的对象名称。当场景较复杂时，最好在命令面板的"名称和颜色"卷展栏中，给每一个创建的对象都取一个有意义的名称。

图 1-17　"从场景选择"对话框

（4）选择过滤器

利用工具栏中的"选择过滤器" ，可以屏蔽其他物体而仅对特定类型的对象进行准确选择。其默认设置为"全部"，即不产生过滤效果。单击"全部"右侧的下拉按钮，可以根据需要选择一种过滤方式，如图 1-18 所示。该工具适用于在复杂的场景中仅对某一类型的对象进行单独选择并操作。例如，如果只想选择场景中的几何体，则可在选择过滤器中选择"G-几何体"过滤方式。

图 1-18　选择过滤器

（5）建立选择集

可以为当前选定的对象指定一个选择集名称，以后就可通过从工具栏的"创建选择集"列表中选取其名称来重新选择这些对象。

建立选择集的方法：选定一个或多个对象，然后在工具栏的"创建选择集"框中输入选择集名称，最后按 Enter 键即可。

2. 组合对象

可以将场景中的两个或多个对象创建为一个组对象。将对象成组后，可以将其视为场景中的单个对象，单击组中的任意对象即可选择整个组对象。

（1）定义组

定义组的操作步骤如下：

① 选择两个或多个对象；

② 选择"组/成组"菜单，然后在打开的"组"对话框中输入该组的名称，最后单击"确定"按钮即可，如图 1-19 所示。

图 1-19　"组"对话框

（2）打开与关闭组

如果想对一个组中的某个对象进行操作，则可先打开该组。打开组的操作步骤如下：

① 选择一个组；

② 选择"组/打开"菜单，这时组对象周围会出现一个粉红色的边界框，此时即可访问组中的各个对象；如果要重新组合打开的组，则使用"组/关闭"菜单即可。

（3）分解组

使用"组/解组"和"组/炸开"菜单，都可分解组。但当一个组对象的成员中包含另一个组（即嵌套组）时，"解组"命令并不能使嵌套组分解，而"炸开"命令则可以分解所有的嵌套组。

3．对象的变换

对象变换操作包括移动对象、旋转对象和缩放对象，在创建模型及搭建场景的过程中经常需要使用到。在进行变换操作时，锁定不同的坐标轴或使用不同的变换中心，都将对操作结果产生较大的影响。

（1）移动对象

使用工具栏中的 ✛ 按钮，可以选择并移动对象。从不同的视图中可以观察到所选对象处会出现一个有 3 个轴的坐标系图标，即移动操纵轴（也称为移动 Gizmo），如图 1-20 所示。其中，红色箭头的轴为 X 轴，绿色箭头的轴为 Y 轴，蓝色箭头的轴为 Z 轴。

将光标移到某一坐标轴上使之变成黄色显示，即可将移动操作锁定在该坐标轴的方向上。同样，将光标移到 XY、YZ 或 ZX 坐标平面上，所选坐标平面会以黄色显示，这时移动操作将锁定在所选坐标平面内。按 X 键可以显示或隐藏操纵轴。按 + 和 − 键可以调节操纵轴的大小。

如果想将对象准确地移动某一距离，则可在 ✛ 按钮处单击鼠标右键，弹出"移动变换输入"对话框，如图 1-21 所示，可在其中输入数值来改变对象的位置。

图 1-20　移动操纵轴

图 1-21　"移动变换输入"对话框

（2）旋转对象

使用工具栏中的 按钮，可以选择并旋转对象。这时对象处会出现圆环状的坐标系图标，即旋转操纵轴（也称为旋转 Gizmo），如图 1-22 所示。把光标移到其中的蓝色圆环线上，可使旋转操作围绕 Z 轴进行；把光标移到红色圆环线上，可使旋转围绕 X 轴进行；把光标移到绿色圆环线上，则可使旋转围绕 Y 轴进行。

图 1-22　旋转操纵轴

在 按钮处单击鼠标右键，弹出 "旋转变换输入"对话框，如图 1-23 所示，可通过数值输入来改变对象的旋转角度。

图 1-23　"旋转变换输入"对话框

旋转对象时，如果想以固定的角度值进行旋转，则可以单击工具栏上的"角度捕捉切换" 按钮，开启角度捕捉功能，默认的捕捉角度是 5°。右击 按钮，可打开"栅格和捕捉设置"对话框，在其中的"角度"栏中，可以根据需要设置捕捉角度值，如图 1-24 所示。

（3）缩放对象

使用工具栏中的 按钮组，可以选择并缩放对象。这时对象处会出现缩放操纵轴（也称为缩放 Gizmo），如图 1-25 所示。将光标移到不同的坐标轴上再拖动鼠标，可以在不同的方向上对物体进行缩放。

图 1-24　"栅格和捕捉设置"对话框

图 1-25　缩放操纵轴

缩放按钮组中包含了以下 3 个缩放工具。

① 　选择并均匀缩放。该按钮可以沿 X，Y，Z 三个轴均匀缩放对象，同时保持对象的原始比例。

② 　选择并非均匀缩放。该按钮可以限制对象围绕 X，Y 或 Z 轴或者任意两个轴进行缩放。

③ 　选择并挤压。该按钮使对象在一个轴上缩放时，在另两个轴上进行相反的缩放，同时保持对象的原始体积。

如图 1-26 所示，显示了对同一茶壶进行 3 种不同缩放操作的结果。

图 1-26　3 种缩放效果

（4）使用变换中心

变换中心的选择将对旋转操作和缩放操作产生影响，特别是在进行旋转操作时，轴心的位置至关重要。

通过工具栏上的按钮组 ，可以选择变换操作的轴心。该按钮组中包含了以下 3 个按钮。

① 　使用轴点中心。选择该按钮时，对象围绕其轴点中心进行旋转或缩放。

② 　使用选择中心。当选定了多个对象时，该按钮使用所选对象的共同中心为变换中心。

③ 　使用变换坐标中心。该按钮使用当前坐标系的中心为变换中心。

默认情况下，选定单个对象时，变换中心被设置为"使用轴点中心"。当选择多个对象时，默认变换中心会更改为"使用选择中心"。更改变换中心时，变换操纵轴坐标的原点会移到指定变换中心的位置。

4. 克隆对象

克隆对象是一种非常有用的建模技术。在复杂场景的设计中，常常需要制作若干相同的模型，这就可以用克隆对象的方法来实现。通过克隆对象，可以大大减少重复操作，提高在 3ds Max 中的工作效率。

（1）使用"编辑/克隆"菜单克隆对象

① 在视图中选择要克隆的对象。

② 选择"编辑/克隆"菜单，或使用快捷键 Ctrl+V，弹出"克隆选项"对话框，如图 1-27 所示。

③ 在该对话框中选择一种克隆对象的形式，并在"名称"文本框中输入克隆对象的名称，最后单击"确定"按钮即可。

图 1-27　"克隆选项"对话框（一）

对话框中的常用参数设置如下：

复制　该选项生成与原始对象完全独立的复制品。

实例　该选项生成与原始对象有关联的复制品。对原始对象进行编辑修改时，"实例"对象也会发生相同的改变；反之，对"实例"对象进行编辑修改时，原始对象同样也会发生相同的改变。

参考　该选项生成的克隆对象与原始对象有着单向联系。当编辑修改原始对象时，"参考"对象会发生相同的改变，而对"参考"对象进行编辑修改时，则不会影响原始对象。

名称　可在"名称"文本框中输入克隆产生的新对象的名称。

（2）执行变换操作时克隆对象

按住 Shift 键的同时执行移动、旋转或缩放变换操作，也可克隆对象。这种情况下弹出的"克隆选项"对话框如图 1-28 所示，与图 1-27 相比，本图所示的对象区域中增加了一个"副本数"选项，可在其中输入克隆的数量。应用这种方法，可以快速克隆出多个对象，如图 1-29 所示。

图 1-28　"克隆选项"对话框（二）　　　图 1-29　使用"Shift +旋转操作"克隆出的一组茶壶

5. 镜像工具

使用"工具/镜像"菜单或工具栏中的"镜像"按钮 ，可生成所选对象的对称体，即镜像，如图 1-30 所示。

镜像操作常用于创建对称的模型，其操作步骤如下：

① 选择要镜像的对象，再单击工具栏中的"镜像"按钮 ，弹出"镜像"对话框，如图 1-31 所示。

图 1-30 镜像对象

图 1-31 "镜像"对话框

② 在该对话框中根据需要设置镜像参数，最后单击"确定"按钮。

对话框中的常用参数设置如下：

镜像轴 可选择以 X、Y、Z 中的任意轴作为镜像对称轴，或选择 XY、YZ、ZX 平面为镜像对称平面。"偏移"是指镜像对象中心与原始对象中心之间的距离。

克隆当前选择 设置克隆类型，若选择"复制"、"实例"或"参考"选项，则可在镜像对象的同时创建克隆对象。

6. 对齐工具

使用对齐工具可以使当前对象与目标对象进行对齐，以便在不同的对象之间精确定位。如图 1-32 所示，3 个花瓶在 Y 轴方向上按最小值对齐。

图 1-32 对齐对象

对齐对象的操作步骤如下：

① 选择要与目标对象对齐的源对象。

② 单击工具栏中的"对齐"按钮 ▦ ，或选择"工具/对齐"菜单，再单击要对齐的目标对象，弹出"对齐当前选择"对话框，如图 1-33 所示。

图 1-33 "对齐当前选择"对话框

 提示

目标对象的名称会出现在对话框的标题栏中。

对话框中的常用参数设置如下：

X 位置、Y 位置、Z 位置 用于设置源对象与目标对象在哪个轴的方向上对齐。可选择其中 1 项或 3 项的任意组合，同时启用 3 个选项时，可以将源对象移动到目标对象的位置上。

最小、中心、轴点、最大 用于指定对象边界框上用于对齐的点，即。当前所选的源对象与目标对象可在对齐轴方向上分别按边界框最小值、几何中心、轴点、边界框最大值进行对齐。例如，要将茶壶准确地放置在桌面上，则应该在 Y 位置上，将茶壶的最小值与桌面的最大值对齐。

1.1.4 任务实施

任务目标

（1）认识 3ds Max 是一个怎样的软件，了解其主要功能。

（2）了解 3ds Max 2012 的一般工作流程。

（3）熟悉 3ds Max 2012 中文版的工作界面，掌握命令面板的基本操作方法。

（4）掌握对象的选择方法，以及移动、旋转和缩放 3 种基本的对象变换操作。

（5）理解克隆的 3 种类型，掌握克隆对象的方法。

（6）能够制作最基本的三维几何体和最简单的变换动画。

任务描述

制作一个飞镖动画，三只飞镖先后飞向飞镖靶盘，其静态渲染图如图 1-34 所示。具体效果请参见本书电子教学资源包"任务相关文档"文件夹中的文件"任务 1.max"和"任务 1.avi"。

图 1-34 飞镖

制作思路

（1）飞镖靶盘模型用圆柱体实现，靶盘上的图案可以通过贴图材质获得。飞镖模型由镖针和镖翼两部分组成，镖针用圆锥体实现，而镖翼则由两个缩放变形的扁平的圆柱体构成。

（2）将飞镖的各个部件组合成一个整体，再使用克隆的方法复制出另外 2 只相同的飞镖。

（3）使用移动工具制作 3 只飞镖飞向靶盘的动画效果。

操作步骤 >>>>>>>>> START

1．创建模型

（1）启动 3ds Max 2012 中文版。

（2）制作飞镖靶盘。首先单击屏幕右边"创建/几何体"命令面板"对象类型"卷展栏中的"圆柱体"命令按钮；然后把光标移到前视图中，按住鼠标左键拖动鼠标，确定圆柱体的圆面大小，释放左键后再向上移动鼠标，确定圆柱体的高度；最后单击鼠标左键结束创建圆柱体的操作。在命令面板的"参数"卷展栏中，将"半径"设置为 40，"高度"设置为 4，"边数"设置为 30。在"名称和颜色"卷展栏中，将圆柱体命名为"靶盘"。

单击视图导航区中的 按钮，使圆柱体在各个视图中最大化显示，如图 1-35 所示。

图 1-35 飞镖靶盘

（3）制作飞镖的镖针。单击屏幕右边"创建/几何体"命令面板"对象类型"卷展栏中的"圆锥体"命令按钮，在前视图中拖放鼠标创建一个圆锥体，在命令面板的"参数"卷展栏中，将"半径 1"设置为 0.2，"半径 2"设置为 1，"高度"设置为 30。在"名称和颜色"卷展栏中，将圆锥体命名为"镖针"。单击工具栏中的 ⊕ 按钮，在顶视图中将镖针移到靶盘的前面，如图 1-36 所示。

图 1-36　镖针的位置

（4）制作飞镖的镖翼。首先单击"创建/几何体"命令面板"对象类型"卷展栏中的"圆柱体"命令按钮，然后把光标移到顶视图中，拖动鼠标创建一个圆柱体。在命令面板的"参数"卷展栏中，将"半径"设置为 4，"高度"设置为 0.2。在"名称和颜色"卷展栏中，将其命名为"镖翼"。使用工具栏中的 ⊕ 按钮，将镖翼移到镖针的尾部，如图 1-37 所示。

图 1-37　镖翼的位置

（5）克隆镖翼。单击工具栏中的"选择并旋转"按钮 ↻ ，再单击"角度捕捉切换"按钮 ⟁ 激活角度捕捉。将光标移到前视图中单击镖翼，这时镖翼上会出现旋转 Gizmo 图标。把光标移到 Gizmo 的蓝色圆环线上，使之变成黄色激活状态，然后按住 Shift 键不放，向上拖动鼠标使镖翼绕 Z 轴逆时针旋转 90°（可在窗口底部的状态栏中看到旋转角度显示为"Z：90"）。释放 Shift 键和鼠标左键后，弹出"克隆选项"对话框，在其中的"对象"栏中，选择"实例"，最后单击"确定"按钮。

制作完成后的飞镖模型如图 1-38 所示。

图 1-38　完成后的飞镖模型

2．指定材质

（1）给镖针指定材质。单击工具栏右侧的"材质编辑器"按钮 或 M 键，打开"材质编辑器"窗口。在"模式"菜单中，选择"精简材质编辑器"，结果如图 1-39 所示。在"Blinn 基本参数"卷展栏中，单击"漫反射"色样，在打开的"颜色选择器"中将漫反射颜色调整为红色，如图 1-40 所示，然后单击"确定"按钮关闭"颜色选择器"。这时，材质编辑器中的第一个示例球颜色变成了红色。在任意视图中单击选择镖针，再在"材质编辑器"窗口中单击示例球列表下方的"将材质指定给选定对象"按钮 ，将红色材质指定给镖针。

图 1-39　材质编辑器

图 1-40　颜色选择器

（2）给镖翼指定材质。在"材质编辑器"窗口中选择第二个示例球，再在"Blinn 基本参数"卷展栏中，单击"漫反射"色样，在打开的"颜色选择器"中将漫反射颜色调整为浅黄色。按住 Ctrl 键，在视图中分别单击两个镖翼以同时选择它们，再在"材质编辑器"窗口中单击 "将材质指定给选定对象"按钮 ，将第二个示例球的浅黄色材质指定给两个镖翼。

（3）给飞镖靶盘指定贴图材质。在"材质编辑器"窗口中选择第三个示例球，然后在"Blinn基本参数"卷展栏中，单击"漫反射"色样右侧的空白小按钮，在弹出的"材质/贴图浏览器"窗口中双击"位图"，最后在"选择位图图像文件"对话框中选择一幅有靶盘图案的图片（本书电子教学资源包上的文件"任务相关文档\素材\飞镖盘. jpg"）。这时，可以看到第三个示例球上出现了靶盘图案。

（4）在任意视图中单击选择飞镖靶盘模型，再在"材质编辑器"窗口中单击按钮 ，将第三个示例球上的贴图材质指定给靶盘。从透视图中可以看到，靶盘变成了灰色，这是第三个示例球原来的颜色。在"材质编辑器"窗口中单击示例球列表下方的"视口中显示明暗处理材质"按钮 ，这时透视图中的靶盘的颜色出现了一点小的变化，但并没有显示出第三个示例球上的靶盘图案。

（5）在视图中选择靶盘模型，再单击命令面板上方的 按钮打开"修改"面板。单击"修改器列表"右侧的下拉按钮，在弹出的修改器列表中，选择"UVW 贴图"修改器。这时，靶盘模型上即显示出与第三个示例球相同的贴图，如图 1-41 所示。最后关闭"材质编辑器"窗口。

3．组合对象

为了方便后面制作动画，下面将组成飞镖的镖针和两个镖翼组合成一个整体。

（1）同时选择飞镖的各个部件。单击工具栏中的"选择对象"按钮 ，然后按住 Ctrl 键不放，在前视图中分别单击选择 1 个镖针和 2 个镖翼，使这 3 个对象同时被选中。

（2）组合各个部件。选择"组/成组"菜单，在弹出的"组"对话框中输入组名"飞镖"，如图 1-42 所示，最后单击"确定"按钮。

图1-41　给靶盘指定贴图材质

图1-42　"组"对话框

由于对飞镖的各个部件进行了"成组"操作，因此在视图中单击飞镖的任何一个位置，整个飞镖都会被选中。

4．克隆飞镖

（1）单击工具栏中的"选择并移动"按钮 ，然后把光标移到前视图中单击飞镖，再按住 Shift 键不放并拖动鼠标，这样就在移动飞镖的同时克隆出了另一只飞镖。释放鼠标左键后，弹出"克隆选项"对话框，如图 1-43 所示，选择"实例"，并设置"副本数"为 2。最后单击"确定"按钮。

图 1-43　"克隆选项"对话框

图 1-44　三只飞镖的位置

（2）如图 1-44 所示，调整 3 只飞镖的位置。

5．创建摄影机

（1）打开"创建/摄影机"命令面板，在顶视图中创建一个目标摄影机。

（2）激活透视图，按 C 键使该视图切换成摄影机视图。

（3）调整摄影机的位置。单击工具栏中的"选择并移动"按钮 ，如图 1-45 所示，在视图中移动摄影机的位置，使摄影机视图中完整地显示出飞镖靶盘。

图 1-45　摄影机的位置

6．制作动画

一个动画由若干幅动作连续的画面（称为"帧"）组成，注意观察左视图下方的时间滑块 ，表示动画的总长度为 100 帧，当前帧是第 0 帧。在 3ds Max 中制作动画时，并不需要逐一设置好动画过程中的每一帧，而只需设置关键动作所在的帧（关键帧）就可以了，系统会自动生成关键帧之间的过渡画面。

在飞镖飞向靶盘的动画中，有两个关键动作：第一个是飞镖的起始状态，即飞镖在第 0 帧的状态；第二个关键动作是飞镖插到靶盘上的状态。这里，我们只需要在动画的录制过程中，在第 0 帧后的某一位置（这一位置的选择决定飞镖移动的快慢），将飞镖移到靶盘上即可。

（1）制作飞镖移动的动画。单击动画控制区中的"自动关键点"按钮，使该按钮变成深红色，进入动画录制状态。向右拖动左视图下方的时间滑块到第 10 帧的位置。

（2）单击工具栏中的"选择并移动"按钮 ，在顶视图中同时选定 3 只飞镖，并将 3 只飞镖移到靶盘上，如图 1-46 所示。

图 1-46　将 3 只飞镖移到靶盘上

（3）单击"自动关键点"按钮，使之恢复成灰色，结束动画的录制。

（4）预览动画。激活摄影机视图，再单击屏幕右下方动画控制区中的 按钮，在摄影机视图中播放动画。可以从摄影机视图中看到 3 只飞镖同时飞向靶盘的动画效果。然后设置 3 只飞镖先后飞向靶盘的效果。

（5）在视图中选定任意 1 只飞镖，然后按住 Ctrl 键，在时间滑块下面的轨迹栏上分别单击第 0 帧和第 10 帧的关键点，这样就同时选定了这两个关键点。向右拖动这两个关键点到第 20 帧和第 30 帧位置。再用相同的方法，将另一只飞镖第 0 帧和第 10 帧的关键点拖到第 40 帧和第 50 帧的位置。

（6）激活摄影机视图，再单击动画控制区中的 按钮，在摄影机视图中播放动画。这次可以看到三只飞镖先后飞向靶盘的动画效果。

7．渲染动画

（1）设置渲染背景。选择"渲染/环境"菜单，打开"环境和效果"对话框，如图 1-47 所示。在"背景"区域中，单击"颜色"色样，在打开的"颜色选择器"中将背景色调整为浅蓝色。

（2）渲染动画。激活 Camera01 视图，单击位于工具栏右侧的"渲染设置"按钮 ，弹出"渲染设置"对话框，如图 1-48 所示。

（3）在"渲染设置"对话框的"时间输出"区域中，选择"活动时间段"选项，表示渲染的范围从第 0 帧至第 100 帧。

（4）在"渲染输出"区域中，单击"文件"按钮，再在弹出的对话框中选择要保存动画文件的路径，并输入动画文件的文件名"任务 1.avi"，最后单击"保存"按钮返回"渲染设置"对话框。

（5）单击"渲染设置"对话框底部的"渲染"按钮，开始逐帧渲染动画。动画渲染完成后，即可关闭"渲染设置"对话框。

（6）查看动画文件。选择"渲染"菜单，再在弹出的下拉菜单中选择"查看图像文件"命令。在弹出的对话框中选择刚才生成的动画文件"任务 1.avi"，再单击"打开"按钮，即可观看到动画效果。

图 1-47　"环境和效果"对话框

图 1-48　"渲染设置"对话框

1.1.5　知识拓展：3ds Max 2012 的新功能

3ds Max 2012 提供了全面的三维建模、动画制作、渲染与合成的解决方案，并提供了出色的新技术来创建模型和为模型应用纹理、设置角色动画和生成高质量图像。3ds Max 2012 软件中集成了可加快日常工作流执行速度的工具，显著提高个人和协作团队在处理游戏、视觉效果和电视制作时的工作效率。艺术工作者可以专注于创新，并可以自由地不断优化作品，以最少的时间提供最高品质的最终输出。

1．采用了加速图形核心

3ds Max 2012 采用 Nitrous 加速图形核心，引入了一个全新的视图系统，显著改进了图形显示的性能和视觉质量，使用户能够处理大型数据集。用户可以在复杂的场景中调整参数，而无须等待视图刷新，从而形成更平滑、响应更快的工作流程。除了高质量的真实显示外，Nitrous 视图还可以显示样式化图像，以创建各种风格化的效果（例如彩色铅笔、亚克力、墨水、彩色墨水、Graphite、彩色蜡笔和工艺等），而这些风格化的渲染效果可以由 Quicksilver 渲染器提供，如图 1-49 和图 1-50 所示。

图 1-49　Graphite（石墨）效果

图 1-50　彩色蜡笔效果

2．更新和增强了材质及贴图

3ds Max 2012 对材质在各个方面都进行了更新，使其更易于使用。3ds Max 2012 提供了 Substance 程序纹理库，使用这个包含 80 个参数化纹理库，可获得各种范围的具有物理特性的材质，如图 1-51 所示。UVW 展开功能也得以增强，采用新的方法快速展开 UVW 贴图。

图 1-51　增强的程序纹理

3．iray 渲染器

3ds Max 2012 中新集成了 iray 渲染技术，可使创建真实图像变得前所未有的简单。iray 渲染器无须进行过多的渲染设置，就可获得可预测的、照片级真实感的渲染效果。

4．新增建模工具

新增的建模工具包括雕刻和绘制工具，增强了对笔刷的控制，使得建模时能够更好地控制模型的大体形态。3ds Max 2012 还增强了 ProOptimizer 功能，能够更快、更有效地优化模型，并获得更好的效果。

1.2　本章快捷键汇总

功　　能	快　捷　键
所有视图最大化显示	Shift+Ctrl+Z
缩放区域	Ctrl+W
最大化视口切换	Alt+W
视图环绕	Alt+鼠标中键
显示/隐藏操纵轴	X
调节操纵轴的大小	+，−
显示/隐藏视图网络	G
改变到顶视图	T
改变到前视图	F
改变到左视图	L
改变到透视图	P
改变到摄影机视图	C
克隆对象	Ctrl+V

1.3　拓展训练

1.3.1　旋转变形的茶壶

训练内容

参照本书电子教学资源包上"拓展训练"文件夹中的文件"实训 1-1.avi",制作茶壶一边旋转一边挤压变形的动画,其静态渲染图如图 1-52 所示。

训练重点

(1) 熟悉在 3ds Max 2012 中制作动画的一般流程。

(2) 创建简单的三维模型。

(3) 使用旋转工具和缩放工具制作动画。

(4) 渲染动画。

操作提示

(1) 启动 3ds Max 2012 后,分别在顶视图中创建 1 个长方体和 1 个茶壶。将茶壶移置长方体的表面上,如图 1-53 所示。

图 1-52　旋转+变形的茶壶　　　　图 1-53　放在桌面上的茶壶

(2) 按自己的喜好给桌面和茶壶指定适当的材质。

(3) 制作动画。单击透视图下方的"自动关键点"按钮,使该按钮变成深红色,进入动画录制状态。拖动时间滑块到第 100 帧处,单击工具栏中的"选择并旋转"按钮 ,再单击"角度捕捉切换"按钮 激活角度捕捉,在顶视图中将茶壶绕 Z 轴旋转 360°。

(4) 再将时间滑块拖到第 50 帧处,使用工具栏中的"选择并挤压"按钮 ,在前视图中将茶壶沿 Y 轴适当拉长。最后再将时间滑块拖到第 100 帧处,继续使用 按钮,在前视图中将茶壶沿 Y 轴挤压回原来的大小。

(5) 单击"自动关键点"按钮,使之恢复成灰色,结束动画的录制。

(6) 激活透视图,再单击屏幕右下方的 按钮预览动画效果。

(7) 单击工具栏中的 按钮渲染动画。

(8) 选择"渲染/查看图像文件"菜单,打开动画文件查看动画。

1.3.2 沿斜板滚下的球体

训练内容

参照本书电子教学资源包上"拓展训练"文件夹中的文件"实训 1-2.avi"，制作一个球体从一块斜板上面滚落下来的动画，其静态渲染图如图 1-54 所示。

图 1-54 沿斜板滚落下来的球体

训练重点

（1）创建简单的三维模型。
（2）对同一个对象运用位移动画和旋转动画。
（3）渲染动画。

操作提示

（1）启动 3ds Max 2012 后，分别在视图中创建一个长方体和一个球体。将球体移放到长方体的表面上。为了后面能够方便地看到球体的滚动效果，在用"球体"命令创建球体时，取消其"参数"卷展栏中的"平滑"选项。

（2）在前视图中适当旋转长方体使其倾斜，结果如图 1-55 所示。

图 1-55 放在斜板上的球体

（3）按自己的喜好从材质库中选择材质指定给桌面和球体。

（4）制作动画。单击透视图下方的"自动关键点"按钮，使该按钮变成深红色，进入动画录制状态。拖动时间滑块到第 100 帧处，然后单击工具栏中的 ⊕ 按钮，在顶视图或前视图中将球体移到斜板的下端，再单击工具栏中的 ⟳ 按钮，根据球体向前移动距离的长短，在前视图中将球体绕 Z 轴沿前进方向适当旋转数周。

（5）单击【自动关键点】按钮，使之恢复成灰色，结束动画的录制。

（6）激活透视图，再单击屏幕右下方的 ▶ 按钮预览动画效果。

（7）单击工具栏中的 ⊞ 按钮渲染动画。

（8）选择"渲染/查看图像文件"菜单，打开动画文件查看动画。

 # 习题与实训 1

一、填空题

（1）启动 3ds Max 2012 后，在屏幕上可以看到的 4 个视图是_____视图、_____视图、_____视图和_____视图。

（2）单击_____键可将当前视图切换成底视图，单击_____键可将当前视图切换成摄影机视图。

（3）视图导航区中，⊞ 按钮的作用是_____，⊞ 按钮的作用是_____，⊞ 按钮的作用是_____，✋ 按钮的作用是_____。

（4）⊞ 按钮的作用是_____。

（5）⊞ 按钮的作用是_____。

（6）对象的变换包括_____、_____、_____ 3 种操作。

（7）克隆对象的类型有_____、_____和_____ 3 种。

（8）使用_____菜单，可以将当前同时选定的若干个对象组合成 1 个对象组。

二、简答题

（1）在 3ds Max 2012 中制作一个动画一般需要哪几个步骤？

（2）当命令面板中的内容太多而不能全部显示时，怎样查看其余没有显示出来的内容？

（3）怎样克隆一个对象？

（4）选择对象的方法有哪些？

（5）组合多个对象后，如何对组中的某个对象进行操作？

三、上机操作

参照本书电子教学资源包上"拓展训练"文件夹中的文件"实训 1-3.avi"，制作小球在桌面上弹跳的动画效果。

第 2 章

三维基本体建模

内容导读

建模是 3ds Max 2012 的一项重要功能，也是动画制作的基础，没有模型也就不会有动画。3ds Max 2012 提供了两组几何体的创建命令：一组是标准基本体，如长方体、球体、圆柱体等；另一组是扩展基本体，如切角长方体、切角圆柱体、异面体等。将这些简单的三维几何模型进行连接、组合即可构造较为复杂的模型。对三维几何体进行适当的编辑修改后，还能得到更加复杂的模型。

本章重点介绍 3ds Max 2012 中标准基本体和扩展基本体的类型、创建方法，以及它们的常用参数。

知识和技能	学习要求	
	了　解	掌　握
创建标准基本体的有关命令及其参数		●
创建扩展基本体的有关命令及其参数		●
创建建筑对象	●	
使用标准基本体和扩展基本体构造复杂模型	●	
三维对象之间的布尔操作		●

2.1 任务 2：沙发建模——使用三维基本体构造模型

2.1.1 预备知识 1：标准基本体

3ds Max 2012 提供了两组简单而规则的三维对象的创建命令：一组是标准基本体，如长方体、球体、圆柱体等；另一组是扩展基本体，如切角长方体、切角圆柱体、异面体等。

3ds Max 2012 中，"创建/几何体"命令面板的"标准基本体"子面板中，提供了 10 个创建标准基本体的命令，如图 2-1 所示，使用这些命令可以创建如图 2-2 所示的标准基本体。

图 2-1 "创建/几何体"命令面板的
"标准基本体"子面板

图 2-2 标准基本体

1. 长方体

使用"长方体"命令可以创建如图 2-3 所示的各种长方体造型。长方体是最简单也是最常用的一种标准基本体，在场景设计中常用来制作墙壁、地板和桌面等简单模型，也常用于大型建筑物的框架构建。

图 2-3 长方体

（1）创建长方体的操作步骤

① 打开"创建/几何体"命令面板的"标准基本体"子面板，单击"长方体"命令按钮。

② 在任意视图中按下鼠标左键并拖动鼠标，释放鼠标左键后确定长方体的长度和宽度，

再上下移动鼠标确定长方体的高度。

③ 单击鼠标左键完成创建长方体的操作。

提示

　　如果需要直接创建立方体，则可在单击"长方体"命令按钮后，先在如图 2-4 所示的"创建方法"卷展栏中选择"立方体"选项，再在视图中拖放鼠标完成立方体的创建。

　　除了可以通过拖放鼠标的方式来创建标准基本体外，还可以使用键盘，在如图 2-5 所示的"键盘输入"卷展栏中输入标准基本体的大小和坐标来创建。采用键盘输入的方式可以精确地创建对象，但不如拖放鼠标的方式直观方便。

图 2-4　"创建方法"卷展栏

图 2-5　"键盘输入"卷展栏

（2）长方体的参数

"长方体"命令的参数如图 2-6 所示。

长度　设置长方体的长度。

宽度　设置长方体的宽度。

高度　设置长方体的高度。

长度分段　设置长度方向上的分段数，默认值为 1。大多数三维基本体都有"分段"这一参数，增加分段数的目的是为了对几何体进行曲面效果的编辑修改。需要注意的是，分段数越大，构成几何体的点和面就越多，几何体的复杂度也就越高，这在一定程度上会造成渲染速度的降低。因此，设置分段数值时一定要考虑所建几何体的具体用处。

图 2-6　"长方体"命令的参数

宽度分段　设置宽度方向上的分段数，默认值为1。

高度分段　设置高度方向上的分段数，默认值为1。

生成贴图坐标　生成贴图坐标的目的是为了给对象赋予贴图材质。该复选框默认为选定状态，这时将自动为创建的对象生成贴图坐标。

真实世界贴图大小　选择该复选框后，将按照贴图的实际尺寸赋予对象。

（3）调整对象的参数

对象创建完成后自动处于选定状态，这时可以根据需要直接在命令面板中调整相关参数。取消对象的选择后，如果再想调整其参数，则必须先选择该对象，然后单击命令面板上方的"修改"按钮 ，在"修改"面板中调整其参数。

2. 圆锥体

使用"圆锥体"命令可完成如图 2-7 所示的一系列造型。

图 2-7 圆锥体

（1）创建圆锥体的操作步骤

① 打开"创建/几何体/标准基本体"面板，单击"圆锥体"命令按钮后，在任意视图中按下鼠标左键并拖动鼠标，在适当的位置处释放左键后，生成锥体的底面。

② 上下移动鼠标，生成锥体的高度，单击鼠标左键确定后，再继续移动鼠标生成圆锥体的顶面。

③ 单击鼠标左键结束操作。

（2）圆锥体的参数

"圆锥体"命令的参数如图 2-8 所示。

半径 1 和半径 2 分别为圆锥体底面和顶面的半径。

高度 设置圆锥体的高度。

高度分段 设置圆锥体沿高度方向上的分段数。

端面分段 设置圆锥体端面（即底面和顶面）沿半径方向上的分段数。

边数 设置圆锥侧面的边数。边数越大，圆锥体侧面就越平滑。

平滑 默认情况下，该复选框为选定状态，这时建立的圆锥体具有光滑的侧面。如果取消了对"平滑"的选择，那么圆锥体的侧面就是由若干平面构成的。

启用切片 该参数的作用是生成各种圆锥体的剖切效果。选择该复选框后，可在下面的"切片起始位置"中设置切片的起始角度，在"切片结束位置"中设置切片的终止角度。当"切片起始位置"为 270、"切片结束位置"为 0 时，圆锥体的切片效果如图 2-9 所示。

图 2-8 "圆锥体"命令的参数

图 2-9　圆锥体的切片效果

3. 球体

使用"球体"命令可完成如图 2-10 所示的一系列造型。

图 2-10　球体

（1）创建球体的操作步骤

① 打开"创建/几何体/标准基本体"面板，单击"球体"命令按钮。

② 在任意视图中按下鼠标左键并拖动鼠标，然后释放鼠标左键即可完成球体的创建操作。

（2）球体的参数

"球体"命令的参数如图 2-11 所示。

半径　设置球体的半径。

分段　设置球体的分段数。该参数值越大，球体的表面就越平滑，如图 2-12 所示。

图 2-11　"球体"命令的参数

图 2-12　分段值对球体表面平滑度的影响

平滑　该复选框默认为选定状态，这时构成球体的面是圆滑的；取消该复选框的选择后，构成球体的面就成了多个平面的拼接，如图 2-13 所示。

图 2-13　"平滑"选项对球体表面的影响

半球　使用该参数可以生成半球体。"半球"值表示球体被切去部分的高度占球体总高度（即直径）的百分比，取值范围从 0 到 1.0，值越大，生成的半球体高度越小，如图 2-14 所示。

图 2-14　"半球"值对球体形状的影响

切除和挤压　指定生成半球体的方式。选择"切除"选项会减少球体的顶点和面的数量，而选择"挤压"选项则会保持总的顶点和面的数量不变。

启用切片　该选项可生成如图 2-15 所示的球体切片。选择该复选框后，可在下面的"切片起始位置"中设置切片的起始角度，在"切片结束位置"中设置切片的终止角度。

图 2-15　球体切片

4．几何球体

使用"几何球体"命令可完成如图 2-16 所示的一系列造型。

图 2-16　几何球体

（1）创建几何球体的操作步骤

① 单击"几何球体"命令按钮。

② 在任意视图中按下鼠标左键并拖动鼠标，然后释放鼠标左键即可完成几何球体的创建操作。

（2）几何球体的参数

"几何球体"命令的参数如图 2-17 所示。

半径　设置几何球体的半径。

分段　设置几何球体的分段数。

基点面类型　该选项组中提供了 3 个单选按钮，即"四面体"、"八面体"、"二十面体"，分别将几何球体划分为 4 个、8 个、20 个相等的分段。

图 2-17　"几何球体"命令的参数

5. 圆柱体

圆柱在建模中应用较广,特别是在建筑设计中常用作各种柱子和横梁的制作。使用"圆柱体"命令可以完成如图 2-18 所示的一系列造型。

(1)创建圆柱体的操作步骤

① 单击"圆柱体"命令按钮。

② 在任意视图中按下鼠标左键并拖动鼠标确定圆柱体的截面圆,再上下移动鼠标生成圆柱体的高度。

③ 单击鼠标左键结束操作。

(2)圆柱体的参数

"圆柱体"命令的参数如图 2-19 所示。

图 2-18　圆柱体

图 2-19　"圆柱体"命令的参数

半径　设置圆柱截面的半径。

高度　设置圆柱体的高度。

高度分段　设置圆柱体沿高度方向上的分段数。

端面分段　设置圆柱截面沿半径方向上的分段数。

边数　设置圆柱侧面的边数。边数越大,圆柱侧面就越平滑。

平滑　默认情况下,该复选框为选定状态,这时建立的圆柱体具有光滑的侧面。如果取消了对该选项的选择,那么圆柱体的侧面就是由若干平面构成的。

启用切片　此项参数的作用与前面介绍的"球体"命令的同名参数相同,可生成各种圆柱切片。

6. 管状体

使用"管状体"命令可完成如图 2-20 所示的一系列造型。

(1)创建管状体的操作步骤

① 单击"管状体"命令按钮。

② 在任意视图中按下鼠标左键并拖动鼠标确定管状体的基圆,再移动鼠标确定管状体的厚度。

③ 单击左键后继续移动鼠标确定管状体的高度，最后单击鼠标左键结束操作。

图 2-20　管状体

（2）管状体的参数

"管状体"命令的参数如图 2-21 所示。其中，【半径 1】和【半径 2】分别表示管状体底面的内径和外径。其余参数的含义与圆柱体的同名参数相同。

7．圆环

使用"圆环"命令可完成如图 2-22 所示的一系列造型。

图 2-21　"管状体"命令的参数

图 2-22　圆环

（1）创建圆环的操作步骤

① 单击"圆环"命令按钮。

② 在任意视图中按下鼠标左键并拖动鼠标确定圆环的基圆，再移动鼠标并单击左键即可结束创建圆环的操作。

（2）圆环的参数

"圆环"命令的参数如图 2-23 所示。

半径 1　整个圆环的半径。

半径 2　圆环截面的半径。

旋转　该参数可产生圆环截面的旋转效果。该参数的正数值和负数值将在环形曲面上的顺时针方向和逆时针方向上"滚动"顶点。

图 2-23 "圆环"命令的参数

扭曲 该参数设置扭曲的度数，产生圆环截面的扭曲效果，如图 2-24 所示。

图 2-24 圆环的扭曲效果

分段 设置圆环沿圆周方向上的分段数。

边数 设置圆环截面的边数。

平滑 此选项组中有"全部"、"侧面"、"无"和"分段"4 个单选项，可以分别得到 4 种不同的平滑效果，如图 2-25 所示。

图 2-25 圆环的 4 种不同平滑效果

8. 四棱锥

四棱锥具有方形或矩形底部及三角形侧面。使用"四棱锥"命令可完成如图 2-26 所示的四棱锥造型。

图 2-26　四棱锥

（1）创建四棱锥的操作步骤

① 单击"四棱锥"命令按钮。

② 在任意视图中按下鼠标左键并拖动鼠标确定四棱锥的底面，释放鼠标左键后再移动鼠标生成四棱锥的高度。

📢 提示

如果想让四棱锥的底面是一个长宽相等的正方形，则可在拖动鼠标的同时按住 Ctrl 键不放。

③ 单击鼠标左键结束操作。

（2）四棱锥的参数

"四棱锥"命令的参数如图 2-27 所示，各个参数的含义与"长方体"命令的相应参数相似。

9. 茶壶

使用"茶壶"命令可以创建整个茶壶或茶壶部件，如图 2-28 所示。茶壶复杂的曲线和相交曲面非常适用于不同种类的贴图材质和渲染设置的测试。

图 2-27　"四棱锥"命令的参数

图 2-28　茶壶及茶壶部件

（1）创建茶壶的操作步骤

① 单击"茶壶"命令按钮。

② 在任意视图中按下鼠标左键并拖动鼠标再释放鼠标左键，即可完成茶壶的创建。

（2）茶壶的参数

"茶壶"命令的参数如图 2-29 所示。

半径　设置茶壶的半径。

分段和平滑　这两项参数与"球体"命令的同名参数作用相同。分段值越大，茶壶表面就越平滑。

茶壶部件　该选项组中有 4 个复选框，分别是"壶体"、"壶把"、"壶嘴"和"壶盖"，这 4 个选项分别代表组成茶壶的 4 个部件。创建茶壶时，可以在 4 个部件中随意选择。默认情况下同时启用 4 个选项，从而生成完整的茶壶。

10. 平面

"平面"对象是平面多边形网格，可以在渲染时无限放大。使用"平面"命令可以创建如图 2-30 所示的平面网格造型。创建地面、水面等模型时常使用平面造型，如对平面对象应用"置换"修改器，可以生成复杂的地形。

图 2-29　"茶壶"命令的参数　　　　　　　图 2-30　平面

（1）创建平面的操作步骤

① 单击"平面"命令按钮。

② 在任意视图中按下鼠标左键并拖动鼠标再释放左键，即可完成平面的创建。

（2）平面的相关参数

"平面"命令的参数如图 2-31 示。

图 2-31　"平面"命令的参数

长度和宽度　设置平面的长度和宽度。

长度分段和宽度分段　设置平面长度方向和宽度方向上的分段数。

渲染倍增　该参数区域用于设置渲染时增大创建的平面对象的尺寸和分段数。其中，"缩放"可设置平面对象尺寸的倍增比例；"密度"则可设置平面对象长度分段和宽度分段的倍增比例。当需要创建 1 个巨大的平面对象时，只需要创建一个小的参考平面即可。

2.1.2　预备知识 2：扩展基本体

3ds Max 提供的扩展基本体是一组较复杂的基本体。在"创建/几何体"命令面板上方的下拉列表中选择"扩展基本体"选项，"对象类型"卷展栏中就会出现用于创建扩展基本体的命令按钮，如图 2-32 所示。3ds Max 2012 提供了 13 个创建扩展基本体的命令，使用这些命令可以创建如图 2-33 所示的扩展基本体。

图 2-32　"创建/几何体"命令面板中的
　　　　　 "扩展基本体"子面板

图 2-33　扩展基本体

下面重点介绍几种常用的扩展基本体。

1．异面体

使用"异面体"命令可完成如图 2-34 所示的几种不同系列的多面体造型。

图 2-34　异面体

（1）创建异面体的操作步骤

① 打开"创建/几何体"命令面板的"扩展基本体"子面板。

② 单击"异面体"命令按钮，在任意视图中按下鼠标左键并拖动鼠标，再释放鼠标左键时即完成了异面体的创建。

（2）异面体的参数

"异面体"命令的参数如图 2-35 所示。

图 2-35 "异面体"命令的参数

系列 此参数栏中包含用于生成不同类型异面体的 5 个单选项，分别用来创建四面体、立方体/八面体、十二面体或二十面体，以及两种不同的类似星形的异面体。

系列参数 此参数区域包括 P 和 Q 两个选项，用于控制异面体顶点和面之间的形状转换。

轴向比率 异面体表面可以由三角形、方形或五角形组成，这些面可以是规则的，也可以是不规则的。"轴向比率"参数栏中的 P，Q，R 三个参数分别用于控制异面体中三角形、方形和五角形的比例关系。这三个参数具有将其对应面推进或推出的效果，其默认值均为 100。

半径 异面体外接圆的半径。

2．环形结

使用"环形结"命令可以创建复杂的或带结的环形造型，如图 2-36 所示。

（1）创建环形结的操作步骤

① 打开"创建/几何体/扩展基本体"命令面板，单击"环形结"按钮。

② 在任意视图中按下鼠标左键并拖动鼠标确定环形结的半径，放开鼠标左键后继续移动鼠标确定环形结的截面半径。

③ 单击鼠标左键结束操作。

（2）环形结的参数

"环形结"命令的参数如图 2-37 所示。

图 2-36　环形结　　　　　　　　图 2-37　"环形结"命令的参数

基础曲线　此参数区域中包含一组用于设置环形结基本外形的参数。

结和圆　使用"结"时，环形将基于其他各种参数自身交织；使用"圆"时，基础曲线是圆形，这时在默认状态将产生标准圆环形。

半径　设置基础曲线的半径。

分段　设置环形结的分段数。

P 和 Q　这两项参数只有在选中"结"时才处于活动状态，分别表示环形结上下的圈数和由中心向外环绕的圈数。

扭曲数和扭曲高度　这两项参数只有在选中"圆"时才处于活动状态。不同扭曲数和扭曲高度的环形结效果如图 2-38 所示。

图 2-38　不同扭曲数和扭曲高度的环形结

（2）横截面：此参数区域用于调整环形结的横截面。

半径　设置环形结横截面的半径。

边数　设置环形结横截面周围的边数。

偏心率　设置环形结横截面主轴与副轴的比率，其值为 1 时将产生圆形横截面，为其他值时将形成椭圆形横截面。

扭曲　设置横截面围绕基础曲线扭曲的次数。

块和块高度　设置环形结中的凸出数量，当"块高度"值非零时才能看到其效果。当基础曲线为"圆"时，不同块和块高度的环形结效果如图 2-39 所示。

图 2-39　不同块和块高度的环形结

3. 切角长方体

使用"切角长方体"命令可以创建带倒角或圆形边的长方体，如图 2-40 所示。

图 2-40　切角长方体

（1）创建切角长方体的操作步骤

① 打开"创建/几何体/扩展基本体"命令面板，单击"切角长方体"按钮。

② 在任意视图中按下鼠标左键并拖动鼠标生成长方体的底面，单击鼠标左键确定后继续向上或向下移动鼠标，生成长方体的高度。

③ 再次单击鼠标左键后向上移动鼠标，产生长方体的倒角效果，最后单击鼠标左键结束操作。

（2）切角长方体的参数

"切角长方体"命令的参数如图 2-41 所示。

图 2-41　"切角长方体"命令的参数

切角长方体的参数与标准基本体中长方体的参数基本相同，其中，"圆角"参数用于设置倒角的程度，"圆角分段"参数可设置倒角的分段数，其值越大，倒角就越平滑。

4. 油罐

使用"油罐"命令可创建带有凸面封口的圆柱体，如图 2-42 所示。

图 2-42　油罐

（1）创建油罐的操作步骤

① 打开"创建/几何体/扩展基本体"命令面板，单击"油罐"按钮。

② 在任意视图中按下鼠标左键并拖动鼠标，定义油罐底部的半径。

③ 释放鼠标左键，然后垂直移动鼠标产生油罐的高度，并单击鼠标左键确定高度。

④ 对角移动鼠标产生凸面封口的高度（向左上方移动可增加高度；向右下方移动可减小高度）。

⑤ 再次单击鼠标左键完成创建油罐的操作。

（2）油罐的参数

"油罐"命令的参数如图 2-43 所示。

半径　设置油罐的半径。

高度　设置油罐沿中心轴的高度。

图 2-43　"油罐"命令的参数

封口高度 设置封口的高度。最小值为"半径"设置值的 2.5%，最大值为"半径"设置值的 99%。

混合 该参数值大于 0 时，在凸面封口的边缘创建倒角效果。

边数 设置油罐周围的边数。如果要创建平滑的油罐，可使用较大的边数，并启用"平滑"选项；如果要创建带有平面的油罐，则应使用较小的边数，并禁用"平滑"选项。

启用切片 此项参数的作用与前面介绍的"圆柱体"等命令的同名参数相同，可生成各种油罐切片。

5. 软管

软管是一个能连接两个对象的弹性对象，使用"软管"命令可以创建如图 2-44 所示的一系列造型。

图 2-44　软管

（1）创建软管的操作步骤

① 打开"创建/几何体/扩展基本体"命令面板，单击"软管"按钮。

② 在任意视图中按下鼠标左键并拖动鼠标生成软管的截面，再向上或向下移动鼠标生成软管的高度。

③ 单击鼠标左键结束创建软管的操作。

（2）软管的参数

"软管"命令的参数较复杂，如图 2-45 所示。

图 2-45　"软管"命令的参数

端点方法 此参数区域用于设置软管的类型。"自由软管"生成两端不受任何约束的软管；"绑定到对象轴"生成两端绑定在指定对象轴心的软管，使用该选项可以制作自动连接两个对象的软管。选择"绑定到对象轴"选项时，可以使用下面"绑定对象"参数区域中的按钮将软管绑定到两个对象上。

绑定对象 只有在"端点方法"参数区域中选择了"绑定到对象轴"选项时，"绑定对象"参数区域才能被激活。通过单击"拾取顶部对象"和"拾取底部对象"按钮，可以将软管的两端分别绑定到两个对象上。

如图 2-46 所示，显示了软管两端分别连接一个长方体和一个球体的情形。

图 2-46　连接两个对象的软管

自由软管参数 只有在"端点方法"参数栏中选择了"自由软管"选项时，此参数区域才有效。其中的"高度"用于设置自由软管的高度。

公用软管参数 用于设置不同类型软管的公用参数。

分段 用于设置软管沿高度方向上的分段数。当软管弯曲时，增大该选项的值可使曲线更平滑。

启用柔体截面 该选项默认为激活状态，这时软管具有皱褶效果。

起始位置和结束位置 分别用于设置皱褶开始和结束的位置。

周期数 设置皱褶的数量。

直径 指定软管皱褶的直径。直径值为负值时，皱褶会向内凹陷；直径值为正值时，皱褶会向外凸出。

平滑 设置软管的平滑效果。

⑤ 软管形状：用于设置软管截面的形状，共提供了 3 种形状，即"圆形软管"、"长方形软管"、"D 截面软管"。默认设置为"圆形软管"。

2.1.3　任务实施

 任务目标

（1）了解 3ds Max 2012 中标准基本体和扩展基本体的类型。

（2）掌握创建标准基本体和扩展基本体的有关命令及常用参数。

（3）能够灵活运用三维基本体构造比较复杂的模型。

 任务描述

使用创建标准基本体和扩展基本体的相关命令，制作如图 2-47 所示的沙发模型。具体效果请参见本书电子教学资源包上"任务相关文档"文件夹中的文件"任务 2.max"。

图 2-47　沙发

制作思路

（1）整个沙发框架可由长方体和 C 形扩展基本体拼接而成，沙发坐垫和靠垫可用切角长方体制作。

（2）对于沙发模型中尺寸相同的坐垫和靠垫等对象，可以使用克隆的方法来产生。

操作步骤 ▶▶▶▶▶▶▶ **START**

1．设置场景单位

（1）启动 3ds Max 2012 中文版，选择"自定义/单位设置"菜单，弹出"单位设置"对话框。

（2）在"单位设置"对话框的"显示单位比例"区域中选择"公制"，并在其下拉列表中选择"厘米"，如图 2-48 所示。

（3）单击"单位设置"对话框中的"确定"按钮，完成设置场景单位的操作。

2．制作沙发主框架

（1）在"创建/几何体/标准基本体"命令面板中，单击"长方体"命令按钮，在顶视图中创建一个长度、宽度、高度分别为 90cm、220cm、15cm 的长方体。

（2）创建 C 形对象。在"创建/几何体"命令面板上方的下拉列表中，选择"扩展基本体"，然后在"对象类型"卷展栏中单击"C-Ext"命令按钮，在顶视图中按下鼠标左键并拖动鼠标确定 C 形对象的底部，释放鼠标左键后向上移动鼠标，确定 C 形对象的高度，单击鼠标左键后再移动鼠标确定 C 形对象的厚度。

（3）按照如图 2-49 所示，在命令面板的"参数"卷展栏中设置 C 形对象的参数。

图 2-48　"单位设置"对话框　　　图 2-49　设置 C 形对象的参数

（4）按下工具栏中的 按钮或使用快捷键 A，打开角度捕捉开关，再单击工具栏中的 按钮，在顶视图中将 C 形对象绕 Z 轴逆时针旋转 90°。最后按照如图 2-50 所示，调整 C 形对象的位置，使之与长方体底板连接在一起，构成沙发的主框架。

图 2-50　沙发的主框架

提示

灵活使用工具栏中的"对齐"工具 按钮，可以使沙发框架中的靠背和底板两个模型迅速而精准地连接在一起。

3．制作沙发脚

（1）创建长方体。在"创建/几何体"命令面板上方的下拉列表中，选择"标准基本体"，然后在"对象类型"卷展栏中单击"长方体"命令按钮，在顶视图中创建一个长方体，设置其长度、宽度、高度分别为 20cm、20cm、15cm。

（2）调整长方体的位置。单击工具栏中的 按钮或按快捷键 W，如图 2-51 所示，将长方体移到沙发框架下面的一侧，完成 1 只沙发脚的操作。

图 2-51　沙发脚的位置

（3）克隆出另外 3 只沙发脚。单击工具栏中的 按钮，然后将鼠标移到顶视图中的沙发脚上，按住 Shift 键，沿着 Y 轴方向拖动鼠标，将克隆出的另外一只沙发脚拖到沙发的另一侧，释放鼠标左键后，从弹出的"克隆选项"对话框的"对象"栏中选择"实例"，然后单击"确定"按钮。

（4）按照同样的方法，在顶视图中同时选中两只沙发脚，再单击工具栏中的 按钮，按住 Shift 键，沿着 X 轴方向拖动鼠标，克隆出另外两只沙发脚，效果如图 2-52 所示。

图 2-52　制作 4 只沙发脚

4．制作沙发坐垫

（1）创建切角长方体。打开"创建/几何体/扩展基本体"命令面板，单击"切角长方体"按钮，在顶视图中按下鼠标左键并拖动鼠标，这时视图中出现一个矩形，释放左键后再向上移动鼠标，生成长方体的高度。继续向上移动鼠标，生成长方体的圆角，最后单击鼠标左键完成创建操作。

（2）按照如图 2-53 所示，在命令面板的"参数"卷展栏中设置切角长方体的相关参数。

（3）调整切角长方体的位置。单击工具栏中的 按钮，将切角长方体移到沙发框架内，如图 2-54 所示。

图 2-53　设置切角长方体的参数　　　图 2-54　沙发坐垫的位置

（4）克隆出另外两个坐垫。单击工具栏中的 ⊕ 按钮，按住 Shift 键，在前视图中将切角长方体沿 X 轴向右拖动，释放鼠标左键后，在弹出的"克隆选项"对话框中选择"实例"选项，并设置"副本数"为 2，单击"确定"按钮后，即克隆出另外两个切角长方体。如图 2-55 所示，调整克隆出坐垫的位置。

图 2-55　克隆出另外两个坐垫

5. 制作沙发靠垫

（1）再次使用"切角长方体"命令，在前视图中创建一个切角长方体，设置其长度、宽度、高度分别为 60cm、60cm、20cm，设置圆角和圆角分段分别为 3cm 和 3。如图 2-56 所示，调整靠垫的位置。

图 2-56　沙发靠垫

（2）克隆出另外两个靠垫。单击工具栏中的 <kbd>＋</kbd> 按钮，按住 Shift 键，在前视图中将作为靠垫的切角长方体沿 X 轴向右拖动，释放鼠标左键后，在弹出的"克隆选项"对话框中选择"实例"选项，并设置"副本数"为 2，最后单击"确定"按钮。如图 2-57 所示，调整克隆出的靠垫的位置。

图 2-57　克隆出另外两个靠垫

（3）将靠垫适当斜放。同时选定 3 个靠垫，再单击工具栏中的 🔘 按钮，如图 2-58 所示，在左视图中将靠垫绕 Z 轴旋转一定的角度。

至此，整个沙发模型就全部完成了，其效果如图 2-59 所示。

图 2-58　调整靠垫的角度

图 2-59　完成后的沙发模型

🔊 提示

使用相同的建模方法，适当调整沙发各部位的尺寸，即可制作出单人沙发模型，如图 2-60 所示。

图 2-60　单人沙发

2.1.4　知识拓展：创建建筑对象

3ds Max 2012 提供了创建多种建筑对象的功能，如"植物"、"门"、"窗"、"楼梯"、"栏杆"和"墙"等，使三维建筑场景的设计更加方便。这些创建建筑对象的功能均可在"创建/几何体"命令面板的下拉列表中找到。

1. 门、窗和楼梯

（1）门。在"创建/几何体/门"命令面板中提供了枢轴门、推拉门、折叠门 3 种门的模型，如图 2-61 所示。通过参数设置，可以控制门的外观，以及门的打开、关闭等细节。

（2）窗。在"创建/几何体/窗"命令面板中提供了遮篷式窗、平开窗等 6 种窗的模型，如图 2-62 所示。

图 2-61　门的模型

图 2-62　窗的模型

（3）楼梯。在"创建/几何体/楼梯"命令面板中提供了 L 形楼梯、U 形楼梯等 4 种楼梯模型，如图 2-63 所示。通过参数设置，可以控制楼梯的长宽、高度、侧舷及扶手等细节。

图 2-63　楼梯模型

2．AEC 扩展

除了门、窗和楼梯外，"创建/几何体/AEC 扩展"命令面板中还提供了植物、栏杆和墙的创建命令。

（1）植物。使用"创建/几何体/AEC 扩展"命令面板中的"植物"命令，可以创建各种漂亮的植物模型，如图 2-64 所示。通过参数设置，可以控制植物的高度、密度、修剪、种子、树冠显示和细节级别。

（2）栏杆。使用"创建/几何体/AEC 扩展"命令面板中的"栏杆"命令，既可以创建直的栏杆，也可以创建沿样条线弯曲的栏杆，如图 2-65 所示。通过参数设置，可以控制上围栏、下围栏、立柱、栅栏等栏杆组件的属性。

图 2-64　植物

图 2-65　栏杆

（3）墙。使用"创建/几何体/AEC 扩展"命令面板中的"墙"命令，可以创建由顶点、分段、剖面 3 个子对象组成的墙，如图 2-66 所示。这些子对象均可在"修改"面板中进行修改。

图 2-66　墙

2.2　任务 3：笔筒建模——使用布尔操作生成复杂模型

2.2.1　预备知识：布尔操作

除了可以运用搭积木的方式，将几何基本体进行连接、组合来构造复杂模型之外，还可以通过创建布尔对象等方法，由简单的几何基本体产生较复杂的模型。

布尔对象是 3ds Max 提供的复合对象之一，布尔对象通过对其他两个对象执行布尔操作将这两个对象组合起来。

布尔操作可以将两个几何体通过并集、交集或差集运算而形成一个几何体（即布尔对象），如图 2-67 所示。

- 并集：布尔对象包含两个原始对象的体积，将移除几何体的相交部分或重叠部分。
- 交集：布尔对象只包含两个原始对象重叠位置的体积。
- 差集：布尔对象包含从中减去相交体积的原始对象的体积。

两个原始对象　　　　　　　　　　　并集

交集　　　　　　　　　　　差集

图 2-67　布尔操作

1．执行布尔操作的一般步骤

进行布尔操作时，场景中要求有两个或两个以上的模型。执行布尔操作的一般步骤如下：

（1）在"创建/几何体"命令面板的下拉列表中选择"复合对象"。

（2）在视图中单击选择一个模型作为运算对象 A，然后单击"对象类型"卷展栏中的"布尔"按钮。

（3）在"参数"卷展栏中设置布尔操作的方式后，再在"拾取布尔"卷展栏中单击"拾取操作对象 B"按钮，最后在视图中单击运算对象 B，即可完成 A 模型与 B 模型的布尔操作。

2. 布尔命令的常用参数

"布尔"命令的主要参数如图 2-68 所示。

图 2-68 "布尔"命令的参数面板

（1）"拾取布尔"卷展栏

该卷展栏用于设置选取运算对象 B 的方式。

● 参考：是指将原始对象的一个参考复制品作为运算对象 B，进行布尔运算后，修改原始对象的操作会直接反映在运算对象 B 上，但修改运算对象 B 的操作不会影响原始对象。

● 复制：是指将原始对象的一个复制品作为运算对象 B 进行布尔运算，原始对象与运算对象 B 之间不会相互影响。

● 移动：是指将原始对象直接作为运算对象 B，进行布尔运算后，原始对象消失。

● 实例：是指将原始对象的一个实例复制品作为运算对象 B 进行布尔运算，修改其中一个对象将影响到另一个对象。

（2）"操作对象"栏

该参数栏列出了所有进行布尔运算的对象名称，选择相应的对象后，可通过修改器堆栈在命令面板中对选定对象进行编辑。

（3）"操作"栏

该栏中提供了 5 种布尔操作方式，即：并集、交集、差集（A-B）、差集（B-A）和切割。

（4）"显示/更新"卷展栏

该卷展栏用于设置布尔对象的显示和更新方式。

● 显示：设置布尔对象的显示方式。

① 结果：表示只显示最后的布尔运算结果。

② 操作对象：表示显示所有的运算对象。

③ 结果+隐藏的操作对象：表示在视图中以线框方式显示结果和隐藏的运算对象。

● 更新：设置何时更新布尔对象。

① 始终：更新操作对象时立即更新布尔对象。

② 渲染时：当渲染场景或单击"更新"按钮时才更新布尔对象。

③ 手动：只有在单击"更新"按钮时，才更新布尔对象。

2.2.2　任务实施

任务目标

1．理解布尔运算的运用场合，掌握布尔运算的操作方法。

2．掌握布尔命令的常用参数。

任务描述

使用布尔操作制作一个笔筒模型，如图 2-69 所示。具体效果请参见本书配套光盘上"任务相关文档"文件夹中的文件"任务 3.max"。

图 2-69　笔筒

制作思路

笔筒主体可由两个切角圆柱体通过布尔运算生成，笔筒上的圆孔则用笔筒主体减去若干小圆柱体的方法形成。

操作步骤

1．创建笔筒的基本造型

（1）启动 3ds Max 2012 之后，使用"自定义/单位设置"菜单，在"单位设置"对话框中，将场景单位设置为"厘米"。

（2）在"创建/几何体"命令面板上方的下拉列表中选择"扩展基本体"。

（3）在"对象类型"卷展栏中单击"切角圆柱体"按钮，在顶视图中创建一个切角圆柱体。按照图 2-70 所示，在"参数"卷展栏中设置其相关参数。

（4）单击工具栏中的 � 按钮，按住 Shift 键，在前视图中沿 Y 轴向上拖动切角圆柱体，释放鼠标左键后，在弹出的"克隆选项"对话框中选择"复制"，复制出另一个切角圆柱体。将复制得到的切角圆柱体的半径修改为 3.5cm，其余参数不变。两个切角圆柱体的位置如图 2-71 所示。

图 2-70　切角圆柱体的参数设置

图 2-71　两个切角圆柱体

2．使用布尔运算生成笔筒主体

（1）在"创建/几何体"命令面板的下拉列表中选择"复合对象"。

（2）选择大的切角圆柱体，再单击"对象类型"卷展栏中的"布尔"按钮，再在"拾取布尔"卷展栏中单击"拾取操作对象 B"按钮，最后在视图中单击小的切角圆柱体。布尔运算的结果如图 2-72 所示。

图 2-72　笔筒的基本造型

3．制作笔筒上的圆孔

（1）打开"创建/几何体/标准基本体"命令面板，然后在"对象类型"卷展栏中单击"圆柱体"按钮，在前视图中拖放鼠标创建一个圆柱体，在命令面板的"参数"卷展栏中，设置半径为 0.4cm，高度为 7cm，高度分段为 1。将圆柱体移到要生成圆孔的位置。

（2）将圆柱体的一端对齐在笔筒的中心，为旋转复制圆柱体作准备。在顶视图中选择圆柱体，然后单击工具栏中的"对齐"按钮 🖼，再在顶视图中将光标移到笔筒上单击，在弹出的"对齐当前选择"对话框中,在"X 位置"方向上将圆柱体的中心与笔筒的中心对齐,在"Y 位置"方向上将圆柱体的最大值与笔筒的中心对齐。结果如图 2-73 所示。

图 2-73　圆柱体的位置

(3)复制圆柱体。确认圆柱体被选定,单击工具栏中的 按钮,再按下"角度捕捉切换"按钮 (可直接按快捷键 A)。按住 Shift 键,在顶视图中将圆柱体绕 Z 轴旋转 30°。释放鼠标左键后,在弹出的"克隆选项"对话框中选择"复制",设置"副本数"为 11,最后单击"确定"按钮。结果如图 2-74 所示。

图 2-74　复制圆柱体

(4)将所有的圆柱体合并成一个整体。选择任意一个圆柱体,然后打开"修改"命令面板,在"修改器列表"中选择"编辑网格"。再在命令面板的"编辑几何体"卷展栏中单击"附加列表"按钮,在弹出的"附加列表"对话框中选择所有的圆柱体,最后单击"附加"按钮,即可将所有的圆柱体都合并成一个整体。

提示

如果要在一个对象上进行多次布尔运算的"差集"运算,那么最好先将所有要参与运算的对象合并成一个整体,否则,会因运算次数太多而产生错误。

(5)使用布尔运算制作圆孔。在"创建/几何体"命令面板的下拉列表中选择"复合对象"。

在视图中单击选择笔筒主体后，单击"对象类型"卷展栏中的"布尔"按钮，再在"拾取布尔"卷展栏中单击"拾取操作对象 B"按钮，然后在视图中单击合并成一个整体的圆柱体，这样，笔筒上就挖出了 12 个圆孔。结果如图 2-75 所示。

图 2-75　笔筒上挖出 12 个圆孔

4．渲染场景

用鼠标单击透视图，然后单击工具栏中 ■ 按钮或按快捷键 Shift+Q 渲染场景。

2.2.3　知识拓展：创建复合对象

复合对象是在两个或多个对象的基础上形成的单个对象。3ds Max 2012 提供了包含布尔对象在内的共 12 种复合对象类型。在"创建/几何体"命令面板上方的下拉列表中选择"复合对象"选项，"对象类型"卷展栏中就会出现用于创建复合对象的命令按钮，如图 2-76 所示。

图 2-76　复合对象的类型

在任务 3 中已经介绍了布尔复合对象的创建方法，下面再介绍几种常用的复合对象。

1．变形复合对象

变形复合对象可以将种子对象变形成为目标对象，从而制作出变形动画。需要注意的是，种子对象和目标对象必须满足两个条件：一个条件是这两个对象必须是网格、面片或多边形对象；另一个条件是这两个对象必须包含相同的顶点数。

2．散布复合对象

散布复合对象是将所选的源对象散布为阵列，或散布到其他对象（即分布对象）的表面。如图 2-77 所示是将圆锥体散布到球体表面的结果。

3．一致复合对象

一致复合对象是通过将某个对象（称为"包裹器"）的顶点投影至另一个对象（称为"包裹对象"）的表面而创建。如图 2-78 所示是使用创建一致复合对象的方法，将道路对象投影到地形对象上的结果。

图 2-77　圆锥体散布到球体表面

图 2-78　将道路投影到地形上

4．连接复合对象

使用连接复合对象可以通过对象表面的"洞"来连接两个或多个对象，如图 2-79 所示。

图 2-79　连接复合对象

除了以上介绍的几种复合对象外，放样复合对象也是最常用的复合对象之一。在第 3 章中，将详细介绍放样复合对象的创建方法。

2.3　本章快捷键汇总

功　　能	快　捷　键
选择对象并控制选择区域形状	Q
移动对象	W
旋转对象	E
缩放对象	R
锁定选择对象切换	空格键
角度捕捉切换	A
平移视图	鼠标中键
渲染当前视图	Shift+Q

2.4　拓展训练

2.4.1　茶几

训练内容

参照本书电子教学资源包上"拓展训练"文件夹中的文件"实训 2-1.max"，制作一个茶几模型，如图 2-80 所示。

图 2-80　茶几

训练重点

（1）创建标准基本体和扩展基本体。

（2）由简单几何体构造复杂模型。

（3）克隆对象。

操作提示

（1）启动 3ds Max 2012 之后，使用"自定义/单位设置"菜单，在"单位设置"对话框中，将场景单位设置为"厘米"。

（2）创建茶几面。使用"创建/几何体/扩展基本体"命令面板中的"切角长方体"命令，在顶视图中创建一个切角长方体，长度、宽度、高度分别为 80cm、140cm、4cm，圆角为 1cm，圆角分段为 2。

（3）创建茶几脚。使用"创建/几何体/标准基本体"命令面板中的"圆锥体"命令，在顶视图中创建一个圆锥体，设置其半径 1 为 4cm，半径 2 为 6cm，高度为 46cm，边数为 4，取消"平滑"复选框。如图 2-81 所示，调整一只茶几脚的位置。

图 2-81　茶几脚

（4）使用克隆的方法，产生另外 3 只茶几脚，如图 2-82 所示。

图 2-82　克隆茶几脚

（5）创建茶几下面的隔板。使用"长方体"命令，在顶视图中创建一个长方体，设置长度、宽度、高度分别为 60cm、120cm、3cm，如图 2-83 所示。这样，一个造型简洁的茶几就制作完成了。

图 2-83　完成后的茶几

2.4.2 客厅一角

 训练内容

参照本书电子教学资源包上"拓展训练"文件夹中的文件"实训 2-2.max"，制作一个简单的客厅场景，其渲染效果如图 2-84 所示。

图 2-84 客厅一角

训练重点

（1）由简单几何体构造复杂模型。
（2）能够将不同场景文件中的模型合并到同一个场景中。

操作提示

（1）启动 3ds Max 2012 之后，使用"自定义/单位设置"菜单，在"单位设置"对话框中，将场景单位设置为"厘米"。

（2）创建房间框架。使用命令面板中的【长方体】命令，在视图中分别创建墙、地板、天花板（房间大小为 400cm×600cm，墙高为 280cm），如图 2-85 所示。

图 2-85 房间框架

（3）创建窗户。使用布尔运算在墙上挖出窗户口，再打开"创建/几何体/窗"命令面板，使用"固定窗"命令，创建一个窗户，如图 2-86 所示。

图 2-86 创建窗户

（4）将前面制作的沙发模型合并到当前的场景文件中。单击 3ds Max 窗口左上角的 ⑤ 图标，选择"导入/合并"菜单，弹出"合并文件"对话框，选择本书电子教学资源包上"场景"文件夹中的"场景 2-1.max"文件后，单击"打开"按钮，弹出"合并"对话框，如图 2-87 所示。

图 2-87 "合并"对话框

在该对话框的列表栏中单击选择"[沙发]"，然后单击【确定】按钮，即可将"场景 2-1.max"文件中的沙发模型合并到当前场景文件中。如图 2-88 所示，调整沙发在房间中的位置。

图 2-88 沙发在房间中的位置

（5）用相同的方法，分别将本书电子教学资源包上"场景"文件夹中的"场景 2-2.max"文件和"场景 2-3.max"文件里的单人沙发模型和茶几模型合并到当前场景文件中。

（6）克隆出另外一个单人沙发，如图 2-89 所示。

图 2-89　克隆一个单人沙发

（7）利用圆柱体和几何球体创建一个简洁的吊灯，如图 2-90 所示。

图 2-90　吊灯

（8）为场景中的各个模型指定材质。

 # 习题与实训 2

一、填空题

（1）3ds Max 2012 提供的几何体模型分为＿＿＿＿＿＿＿＿＿＿和＿＿＿＿＿＿＿＿＿＿两类。

（2）列出 6 种常用的标准基本体：＿＿＿＿＿＿、＿＿＿＿＿＿、＿＿＿＿＿＿、
＿＿＿＿＿＿、＿＿＿＿＿＿、＿＿＿＿＿＿。

（3）列出 6 种常用的扩展基本体：＿＿＿＿＿＿、＿＿＿＿＿＿、＿＿＿＿＿＿、
＿＿＿＿＿＿、＿＿＿＿＿＿、＿＿＿＿＿＿。

（4）复合对象是在＿＿＿＿＿＿＿＿＿＿＿＿的基础上形成的单个对象。

（5）如果想使创建的球体表面更平滑，则应修改其＿＿＿＿＿＿＿参数。

（6）单击命令面板中的＿＿＿＿＿＿按钮，可以查看或修改选定对象的参数。

（7）按钮的快捷键是＿＿＿＿＿＿＿＿＿＿＿＿＿＿＿＿＿＿，✪ 按钮的快捷键是＿＿＿＿＿＿＿＿＿＿＿＿＿，

按钮的快捷键是＿＿＿＿＿＿＿＿＿＿＿＿＿。

（8）布尔操作有＿＿＿＿＿＿＿＿＿＿＿、＿＿＿＿＿＿＿＿＿＿＿、＿＿＿＿＿＿＿＿＿＿＿、＿＿＿＿＿＿＿＿

等方式。

二、简答题

（1）简述在 3ds Max 2012 中创建三维几何体的一般操作步骤。

（2）创建几何体时，是否将"分段"参数的值设置得越大越好？为什么？

（3）简述执行布尔操作的一般操作步骤。

三、上机操作

参照本书电子教学资源包上"拓展训练"文件夹中的文件"实训 2-3.max"，构建一个书房场景，如图 2-91
所示。

图 2-91　书房场景

第3章

二维图形建模

内容导读

二维图形在 3ds Max 建模及动画制作过程中，起着非常重要的作用。很多复杂的模型往往需要先创建二维图形，然后再通过各种命令将二维图形转换成三维模型。从这个意义上说，二维图形是三维建模的重要基础。此外，在动画制作中，二维图形还可以作为对象的运动路径。

3ds Max 2012 中提供了 3 种二维图形，即样条线、NURBS 曲线、扩展样条线。本章将重点介绍样条线的创建方法、编辑方法，以及实现二维图形向三维模型转变的途径。

知识和技能	学习要求	
	了　解	掌　握
二维图形的类型	●	
创建二维图形的有关命令及参数		●
二维图形的子对象	●	
通过子对象编辑二维图形（可编辑样条线）		●
将二维图形转变为三维模型		●

3.1 任务 4：制作米奇项链——创建二维图形

3.1.1 预备知识 1：二维图形的公共参数

在"创建/图形"命令面板中创建二维图形的步骤很简单，只需依次单击命令面板上方的 ▣ 、▣ 按钮，即可打开"创建/图形"命令面板。其中提供了 11 个创建二维图形的命令按钮，如图 3-1 所示。使用这些命令可以创建如图 3-2 所示的二维图形。

图 3-1 "创建/图形"命令面板

图 3-2 各种二维图形

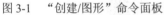

提示

"对象类型"卷展栏中的"开始新图形"复选框默认为选定状态，此状态下每创建一个二维图形都会成为一个独立的对象。如果取消对该复选框的选择，则新创建的图形都将被加在当前所选图形之中，成为所选图形的一部分。

在"创建/图形"命令面板的"对象类型"卷展栏中单击某个命令按钮后，该命令相关的参数会出现在命令面板的下方。除"螺旋线"和"截面"外，"渲染"和"插值"两个参数卷展栏是所有二维图形的公共参数（"螺旋线"只有"渲染"参数），如图 3-3 所示。

1．"渲染"卷展栏

"渲染"卷展栏用于将二维图形设置成可被渲染状态。

（1）在渲染中启用：默认状态下，创建的二维图形在渲染中是不可见的。勾选该复选框后，渲染输出后可看见二维图形的效果，如图 3-4 所示。

（a）原二维图形

（b）渲染图

图 3-4 二维图形的渲染效果

（2）在视口中启用：选择该复选框后，二维图形以三维网格的形式显示在视图中，其效果如图 3-5 所示。

图 3-5　使用"在视口中启用"后的效果

（3）径向：将二维图形的线条显示为圆柱体。其中"厚度"设置样条线的粗细，"边"设置横截面的边数。

（4）矩形：将二维图形的线条显示为矩形，如图 3-6 所示。其中"长度"和"宽度"分别设置横截面矩形的长和宽。

图 3-6　"径向"和"矩形"线条

2．"插值"卷展栏

"插值"卷展栏用于控制样条线生成的方式。除螺旋线和截面外，所有创建二维图形的命令都有此卷展栏。

步数　条线上的每个顶点之间的划分数量称为步数。步数越大，显示的曲线就越平滑。

优化　启用该选项后，可以从样条线的直线线段中删除不必要的步数。

自适应　启用该选项后，可自动设置每个样条线的步数，以生成平滑曲线。

3.1.2　预备知识 2：创建二维图形

1．线

线是二维造型的基础，3ds Max 2012 中的线由多个分段构成。使用"线"命令可以创建由直线段或曲线段构成的任意形状的样条线。建立不规则图形时通常使用线命令。

（1）创建线的操作步骤

① 打开"创建/图形"命令面板，单击"线"按钮。

② 在视图中连续单击并移动鼠标，即可完成线的创建操作。在画线的过程中，如果把光标移到起始点处单击鼠标左键，则屏幕上会弹出"是否闭合样条线"的提示框。若单击"是"按钮，则生成闭合多边形并结束"线"命令的执行；若单击"否"按钮，则可继续画线。

③ 单击鼠标右键结束创建线的操作。

（2）线的参数

"线"命令的有关参数如图 3-7 所示。

图 3-7　"线"命令的参数

① "创建方法"卷展栏，用于设置图形的创建方式。

初始类型　用于设置单击鼠标绘制线时的顶点类型。当选择"角点"选项时，在画线的过程中每次单击左键，都生成一条直线段；当选择"平滑"选项时，单击左键则生成光滑的曲线。

拖动类型　用于设置拖动鼠标绘制线时每个顶点的类型，有"角点"、"平滑"、"Bezier" 3 种类型。其中，Bezier 类型的曲线可以通过顶点处的两个调节柄来调节曲线形状。

角点、平滑、Bezier 3 种类型的对比如图 3-8 所示。

图 3-8　角点、平滑、Bezier 3 种类型的对比

② "键盘输入"卷展栏，使用键盘输入的方法精确地创建样条线。

X，Y，Z 设置要添加的顶点的坐标。

添加点 单击该按钮可在设定的坐标处创建顶点。

关闭和完成 单击"关闭"按钮可创建闭合的图形，单击"完成"按钮完成样条线的创建。

2．矩形

使用"矩形"命令可以创建矩形和圆角矩形，如图 3-9 所示。

（1）创建矩形的操作步骤

① 打开"创建/图形"命令面板，单击"矩形"按钮。

② 在视图中拖放鼠标即可生成一个矩形。

提示

按住 Ctrl 键的同时拖动鼠标，可创建一个正方形。

（2）矩形的主要参数

"矩形"命令的主要参数如图 3-10 所示。

图 3-9 "矩形"命令创建的图形　　　　图 3-10 "矩形"命令的参数

长度 设置矩形的长度。

宽度 设置矩形的宽度。

角半径 设置矩形的圆角半径。该参数的默认值为 0，这时创建的矩形是直角矩形；当该参数的值大于 0 时，创建的矩形变成圆角矩形。

3．圆

使用"圆"命令可以创建圆形。

（1）创建圆的操作步骤

① 打开"创建/图形"命令面板，单击"圆"按钮。

② 在视图中拖放鼠标，即可创建一个圆形。

（2）圆的主要参数

"圆"命令的主要参数如图 3-11 所示。

① "创建方法"卷展栏。

边 以单击点为边缘开始画圆。

中心　以单击点为圆心开始画圆。

②　"参数"卷展栏。

半径　用于设置圆的半径。

4．椭圆

使用"椭圆"命令可以创建椭圆。单击"椭圆"按钮后，在视图中拖放鼠标，即可创建一个椭圆。

"椭圆"命令的主要参数如图 3-12 所示，可在"参数"卷展栏中设置椭圆的长度和宽度。

图 3-11　"圆"命令的主要参数　　　图 3-12　"椭圆"命令的主要参数

5．弧

使用"弧"命令可以创建打开或闭合的弧形，如图 3-13 所示。

图 3-13　弧形

（1）创建弧的操作步骤

①　打开"创建/图形"命令面板，单击"弧"按钮。

②　在视图中拖动鼠标确定弧形的弦长。

③　放开左键继续移动鼠标产生弧形，最后单击鼠标左键结束操作。

（2）弧的主要参数

"弧"命令的主要参数如图 3-14 所示。

①　"创建方法"卷展栏。

端点-端点-中央　创建弧形时，先确定弦长，再确定半径。

中间-端点-端点　创建弧形时，先确定半径，再确定弦长。

②　"参数"卷展栏。

半径　设置弧形的半径。

从　设置弧形的起始角度，其单位为度（°）。

到　设置弧形的终止角度，其单位为度（°）。

饼形切片　启用该选项后，弧形会自动变为闭合曲线，成为一个饼形切片。

反转　启用该选项后，将反转弧形样条线的方向，并将第一个顶点放置在打开弧形的相反末端。

6. 圆环

使用"圆环"命令可以创建两个封闭形状的同心圆。

（1）创建圆环的操作步骤

① 打开"创建/图形"命令面板，单击"圆环"按钮。

② 在视图中拖动鼠标绘制一个圆形。

③ 放开左键后再继续移动鼠标绘制第二个圆形，最后单击左键结束操作。

（2）圆环的主要参数

"圆环"命令的主要参数如图 3-15 所示。其中，"半径 1"和"半径 2"分别用于设置构成圆环的两个圆的半径。

图 3-14　"弧"命令的主要参数　　　图 3-15　"圆环"命令的主要参数

7. 多边形

使用"多边形"命令可以创建直边多边形和圆边多边形（即圆形），如图 3-16 所示。

图 3-16　直边和圆边多边形

（1）创建多边形的操作步骤

① 打开"创建/图形"命令面板，单击"多边形"按钮。

② 在视图中拖放鼠标即可创建一个多边形。

（2）多边形的主要参数

"多边形"命令的主要参数如图 3-17 所示。

半径　设置与多边形相切的圆的半径。

边数　设置多边形的边数。

角半径　该参数值大于 0 时，可创建圆角多边形。

圆形　启用该复选框后，可创建圆边多边形。

8．星形

使用"星形"命令可以创建二维星形图形，如图 3-18 所示。

图 3-17　"多边形"命令的主要参数　　　　　　　图 3-18　星形

（1）创建星形的操作步骤

① 打开"创建/图形"命令面板，单击"星形"按钮。

② 在视图中拖动鼠标确定星形的第 1 个半径。

③ 放开左键后继续移动鼠标确定星形的第 2 个半径，最后单击鼠标左键结束操作。

（2）星形的主要参数

"星形"命令的主要参数如图 3-19 所示。

半径 1 和半径 2　分别设置星形的内径和外径。

点　设置星形的尖角数，其最小值为 3，最大值为 100。

扭曲　该参数可使外部顶点围绕星形中心旋转，产生扭曲效果。

圆角半径 1 和圆角半径 2　这两个参数用于设置星形尖角和凹槽的弧度，可使星形的尖角变成圆角。

9．文本

"文本"命令用于创建文本图形，是创建三维文字造型的基础。

（1）创建文本的操作步骤

① 打开"创建/图形"命令面板，单击"文本"按钮。

② 在任意视图中单击鼠标左键，即可创建一个"MAX 文本"图形。

③ 在"参数"卷展栏的文本框中输入文本内容，"MAX 文本"图形即可改变成相应的文本内容。

（2）文本的主要参数

"文本"命令的主要参数如图 3-20 所示。

图 3-19　"星形"命令的参数

图 3-20　"文本"命令的参数

字体列表　用于设置文本的字体。

文本格式按钮　用于设置文本的字形（斜体和下画线），文本的对齐方式（左对齐、居中对齐、右对齐和两端对齐）。

大小　设置文本的大小，默认值为 100。

字间距　设置文本的字间距。

行间距　设置文本的行间距。

文本　可在该文本框中输入文本的内容，单击回车键可以产生多行文本。

10. 螺旋线

使用"螺旋线"命令可以创建螺旋线造型，如图 3-21 所示。

（1）创建螺旋线的操作步骤

① 打开"创建/图形"命令面板，单击"螺旋线"按钮。

② 在视图中拖动鼠标确定螺旋线的底面半径。

③ 放开左键后向上或向下移动鼠标生成螺旋线的高度。

④ 单击左键后继续移动鼠标确定螺旋线的顶面半径，最后单击鼠标左键结束操作。

图 3-21　螺旋线

（2）螺旋线的主要参数

"螺旋线"命令的主要参数如图 3-22 所示。

图 3-22 "螺旋线"命令的参数

半径 1 和半径 2 分别设置螺旋线的底部半径和顶部半径。

高度 设置螺旋线的高度。

圈数 设置螺旋线线圈的圈数。

偏移 设置螺旋线线圈是靠近底部还是顶部，其取值范围为-1～1。当偏移值小于 0 时，螺旋线线圈靠近底部；当偏移值大于 0 时，螺旋线线圈靠近顶部。

顺时针和逆时针 设置线圈的绕向。

11．截面

截面是二维图形中比较特殊的一个，它不是一个简单的二维图形，而是由一个平面截取一个三维模型所得到的横截面。

创建截面的操作步骤如下：

（1）根据需要创建一个三维模型。

（2）打开"创建/图形"命令面板，单击"截面"按钮。在视图中拖放鼠标创建一个网格平面。

（3）将该平面移到三维模型处，使平面与三维模型相交，交界面的图形会以黄线显示。

（4）单击"截面"命令的"参数"卷展栏中的"创建图形"按钮，即可完成截面图形的创建。

如图 3-23 所示，显示了由截面截取一个软管产生的截面图形。

图 3-23 软管的截面图形

3.1.3 任务实施

 任务目标

（1）掌握创建二维图形的有关命令及其常用参数。

（2）初步掌握通过子对象编辑二维图形的方法和技巧。

 任务描述

制作一条漂亮的米奇项链，如图 3-24 所示。具体效果请参见本书电子教学资源包上"任务相关文档"文件夹中的文件"任务 4.max"。

图 3-24　米奇项链

制作思路

米奇形状的项链吊坠可由两个小圆形和一个大圆形通过布尔操作产生，链子则由椭圆通过间隔工具实现。最后通过"在渲染中启用"选项使图形能够被渲染出来。

 操作步骤　　　　　　　　　　　　　　　　START

1．制作米奇项链吊坠

（1）启动 3ds Max 2012 之后，使用"自定义/单位设置"菜单，在"单位设置"对话框中，将场景单位设置为"毫米"。

（2）绘制米奇的初始图形。打开"创建/图形"命令面板，在"对象类型"卷展栏中单击"圆"按钮，然后在前视图中分别创建 1 个半径为 20mm 的圆形和 2 个半径为 10mm 的圆形，其位置如图 3-25 所示。

图 3-25　米奇的初始图形

（3）将三个独立的圆形附加成一个图形。在前视图中将光标移到大圆处，单击鼠标右键，再在弹出的快捷菜单中选择"转换为:/ 转换为可编辑样条线"。然后在命令面板的"几何体"

卷展栏中单击"附加"按钮，再在前视图中分别单击两个小圆（这时可以从透视图中观察到两个小圆变成了与大圆相同的显示颜色），最后再次单击"附加"按钮结束附加状态。

（4）进入图形的子对象编辑层级。在"修改"面板的修改器堆栈中，单击"可编辑样条线"前面的"+"使之展开，再单击选择下面的"样条线"，进入样条线子对象的编辑层级，如图 3-26 所示。

（5）布尔操作。在前视图中单击选择大圆（选中后的子对象显示为红色），再在命令面板的"几何体"卷展栏中单击"布尔"操作，最后在前视图分别单击两个小圆，结果如图 3-27 所示。

图 3-26　进入可编辑样条线的"样条线"编辑层级　　　图 3-27　3 个圆形进行"并集"布尔操作的结果

（6）在"修改"面板的修改器堆栈中，单击"可编辑样条线"，结束子对象的修改。

（7）在命令面板的"渲染"卷展栏中，分别勾选"在渲染中启用"和"在视口中启用"，并选择"矩形"，设置"长度"和"宽度"分别为 2mm 和 2.5mm，其效果如图 3-28 所示。

（8）在命令面板的"插值"卷展栏中，将"步数"设置为 12，使米奇图形的弧线更加平滑。这样，米奇形状的项链吊坠就制作好了。

图 3-28　设置米奇图形的可渲染效果

2．制作项链环

（1）创建一个项链环。打开"创建/图形"面板，使用"椭圆"命令在前视图中创建一个长度和宽度分别为 3mm 和 1.5mm 的椭圆。在"渲染"卷展栏中启用"在渲染中启用"和"在视口中启用"，并选择"径向"，设置"厚度"为 0.5mm。

（2）为了便于后面的操作，将椭圆形的项链环孤立出来。选定椭圆形后，使用快捷键 Alt+Q，这时除椭圆形外的其余对象均被隐藏起来，同时，椭圆形在当前视图中最大化显示。

📢 提示

"孤立当前选择"工具可用于在暂时隐藏场景其余对象的基础上来编辑单一对象或一组对象。这样可防止在处理选定对象时选择其他对象，达到专注于需要看到对象而无须为周围的环境分散注意力的目的。同时也可以降低由于在视图中显示其他对象而造成的性能开销。

单击"退出孤立模式"可结束孤立并关闭对话框，同时取消对场景中其余部分的隐藏，视图会还原到选择"孤立当前选择"之前的状态。

（3）如图 3-29 所示，复制出一个椭圆形，并将其沿 Z 轴旋转 90°。调整其位置，使两个椭圆形的项链环扣在一起。最后单击屏幕中间对话框中的"退出孤立模式"按钮。选定这两个椭圆形的项链环，再使用"组/成组"菜单将它们成组。

图 3-29　复制出一个椭圆形

3．制作项链

（1）绘制项链形状。将鼠标移到前视图中并向下滚动鼠标中键使视图缩小。打开"创建/图形"命令面板，在"对象类型"卷展栏中单击"线"按钮，然后在前视图中绘制一个项链形状的图形，如图 3-30 所示。

图 3-30　绘制项链形状

（2）编辑项链形状的图形。单击选择绘制的项链图形，然后单击命令面板上方的 📐 按钮打开"修改"面板。单击"Line"前面的"+"使之展开，再选择其中的"顶点"。这时，图形进入顶点层级的编辑状态，其中的所有顶点均显示出来，如图 3-31 所示。

图 3-31　进入顶点层级的编辑状态

（3）编辑顶点。拖选项链图形上的所有顶点（选中的顶点显示为红色），再将光标移到任意选中的顶点处，单击鼠标右键，在弹出的快捷菜单中选择"平滑"，使顶点处的线条变得平滑。如果需要对图形的形状进行进一步的调整，可单击工具栏中的 按钮，通过移动顶点来调整图形。

（4）在命令面板中单击"Line"，结束子对象的编辑状态，调整后的项链图形如图 3-32 所示。

图 3-32　编辑后的项链图形

（5）制作项链。如图 3-33 所示，将项链环移到项链图形上。再单击快捷键 Shift+I ，打开"间隔工具"对话框，如图 3-34 所示。单击对话框中的"拾取路径"，再单击视图中的项链图形，使项链图形作为项链环的分布路径。在该对话框中设置"计数"为 170（具体值由绘制的路径长度决定），启用"跟随"的前后关系，最后单击"应用"按钮。制作好的项链如图 3-35 所示。

图 3-33　将项链环移到项链图形上

图 3-34　"间隔工具"对话框

图 3-35　项链

（6）最后，创建一个圆环，将项链与米奇吊坠连接在一起。

3.1.4　知识拓展：编辑二维图形

通过编辑二维图形，可以得到需要的任意形状的图形。一个二维图形包含 3 个子对象层级，即顶点、线段和样条线，通过访问和编辑子对象，可以灵活方便地编辑二维图形。

1. 编辑二维图形的方法

要访问和编辑图形的子对象，就必须将图形转变为可编辑样条线。以下两种方法可将图形转换为可编辑样条线。

（1）在视图中选择要转换的图形，再把光标移到图形处单击鼠标右键，然后在弹出的快捷菜单中选择"转换为:/ 转换为可编辑样条线"。

（2）使用"编辑样条线"修改器。选择要编辑的图形后，单击命令面板上方的 按钮打开"修改"面板，再单击"修改器列表"框右侧的箭头按钮，然后在弹出的下拉列表中选择"编辑样条线"，该修改器的相关参数将显示在"修改"面板的下方。

以上两种方法均可以进入顶点、线段和样条线 3 个子对象层级，进行图形的编辑操作。在"选择"卷展栏中单击 ⬛ 、 ◢ 、 ◣ 3 个按钮，可以分别进入顶点、线段和样条线三个子对象层级的编辑状态。

🔊 提示

两种编辑二维图形的方法稍有不同。将图形转换成可编辑样条线将丢失图形的创建参数，而使用"编辑样条线"修改器则可保留图形的创建参数。

用"线"命令创建的图形已经是可编辑的样条线，因此不需要再转换。

2. 编辑顶点

将图形转换成可编辑样条线或应用了"编辑样条线"修改器后，单击命令面板"选择"卷

展栏中的 （此处为按钮）按钮或单击快捷键 1，即可进入顶点子对象层级进行编辑。

（1）选择顶点

进入顶点编辑状态后，除了图形的起始顶点以白色显示之外，其余顶点均显示为黄色。

选择单个顶点　在视图中单击要选择的顶点即可。选中的顶点显示为红色。

选择多个顶点　按住 Ctrl 键，依次单击所要选择的顶点，可同时选择多个顶点。按住 Ctrl 键，单击选中的某个顶点，则可取消对该顶点的选择。

选择一个区域内的所有顶点　在视图中单击鼠标左键并进行拖动，跟随鼠标的移动会出现一个虚框，松开鼠标后，被虚框框住的顶点均被选择。

（2）改变顶点类型

通过改变顶点的类型，可以灵活改变二维图形的形状。将光标移到要改变类型的顶点处单击鼠标右键，从弹出的快捷菜单中可以设置顶点的类型。有以下 4 种类型的顶点可供选择：

① Bezier 角点。该类型的顶点有两个绿色的角度调节柄，分别改变两个调节柄的方向可调整顶点处的角度。

② Bezier。该类型的顶点同样提供两个调节柄，这两个调节柄相互关联，始终成一直线并与顶点相切。

③ 角点。该类型的顶点不提供调节柄，顶点两端的线段呈任意角度。

④ 平滑。该类型的顶点不提供调节柄，顶点两端的线段非常平滑。

4 种顶点类型如图 3-36 所示。

图 3-36　4 种顶点类型

（3）常用顶点编辑命令

选择顶点后，可以使用工具栏上的 ⊕、⊙、▣ 按钮对顶点进行移动、旋转和缩放等编辑操作，达到修改图形的目的。除此以外，命令面板的"几何体"卷展栏中还包含了许多编辑顶点的命令，下面介绍几个常用的编辑顶点的命令。

① 焊接。将两个端点顶点或同一样条线中的两个相邻顶点焊接为一个顶点。"焊接"按钮右侧的数值框是"焊接"阈值微调器，如果要焊接的两个顶点在焊接阈值的距离内，那么选择这两个顶点并单击"焊接"按钮后，两个顶点将焊接为一个顶点。

② 连接。连接两个端点顶点以生成一个线性线段。单击"连接"按钮后，将鼠标光标移到某个端点顶点处，使光标变成十字形，然后从该端点顶点拖动到另一个端点顶点即可。

③ 插入。可插入一个或多个顶点。单击"插入"按钮后，在线段中的任意位置单击鼠标

可以插入顶点，单击鼠标右键结束插入顶点的操作。

④ 圆角和切角。单击"圆角"按钮后，把光标移到要转为圆角的顶点处拖动鼠标，即可在该顶点的位置设置圆角。单击"切角"按钮后拖动某个顶点，则可在该顶点处设置倒角。圆角和切角的效果如图 3-37 所示。

图 3-37　圆角和切角的效果

⑤ 删除。选择顶点后，单击"删除"按钮或单击快捷键 Delete 可删除所选顶点。

3．编辑线段

单击命令面板"选择"卷展栏中的 ▨ 按钮或单击快捷键 2，即可进入线段子对象层级进行编辑。

（1）改变线段类型

选择线段后，单击鼠标右键，从弹出的快捷菜单中选择"线"或"曲线"，即可设置线段类型。

线　强制线段以直线显示，可以把曲线拉直。

曲线　使线段保持原有的曲率。默认的线段类型为"曲线"。

（2）常用线段编辑命令

选择线段后，可使用命令面板"几何体"卷展栏中提供的线段编辑命令编辑线段。

删除　选择线段后，单击"删除"按钮或单击快捷键 Delete 可删除所选线段。

拆分　单击"拆分"按钮，可根据按钮右侧微调器指定的顶点数来拆分所选线段。

分离　单击"分离"按钮，可将所选线段从原图形中分离出来，构成一个新的图形。

4．编辑样条线

单击命令面板"选择"卷展栏中的 ▨ 按钮或单击快捷键 3，即可在样条线层级上完成对二维图形的编辑操作。

"几何体"卷展栏中提供的常用样条线编辑命令如下所述。

轮廓　该命令可以生成平行于样条线的轮廓线。单击"轮廓"按钮后，把光标移到要生成轮廓线的样条线处拖动鼠标，即可生成该样条线的轮廓线，如图 3-38 所示。可在"轮廓"按钮右侧的微调器中输入轮廓的宽度。

布尔　该命令可以对两个闭合图形进行并集、差集和相交 3 种布尔运算，从而产生一个新的图形，如图 3-39 所示。

图 3-38 样条线轮廓

图 3-39 样条线的布尔操作

镜像 单击选择镜像的方向，然后单击"镜像"按钮，即可镜像样条线。有 3 种镜像方向：水平镜像、垂直镜像、双向镜像（即对角线方向），如图 3-40 所示。如果启用"镜像"按钮下面的"复制"选项，则在镜像时会复制样条线。

关闭 该命令用于将开放的样条线变成闭合的样条线。

图 3-40 镜像样条线

3.2 **任务** 5：制作三维文字模型——使用"挤出"修改器产生三维模型

3.2.1 预备知识："挤出"修改器

创建二维图形的目的常常是需要在二维图形的基础上生成复杂的三维模型。二维图形可以通过多种方法快速变成三维模型，如使用"挤出"、"车削"等修改器或是使用"放样"工具，等等。从二维到三维是最常用的三维建模途径之一。

使用"挤出"修改器可以将二维图形挤出厚度，这是一种最简单地将二维图形转变成三维模型的方法。

1．选择修改器的一般方法

（1）选择要应用修改器的图形后，单击命令面板上方的 按钮打开"修改"面板。

（2）单击"修改器列表"右侧的下拉箭头按钮，从弹出的修改器列表中选择要使用的修改器。

2."挤出"修改器的参数

"挤出"修改器的参数如图 3-41 所示。

图 3-41 "挤出"修改器的参数

数量　设置二维图形挤出的厚度。

分段　设置挤出对象在厚度方向上的分段数。

封口　"封口始端"在挤出对象的始端生成一个平面；"封口末端"在挤出对象的末端生成一个平面。

3.2.2 任务实施

任务目标

掌握"挤出"修改器的使用方法及其常用参数。

任务描述

制作如图 3-42 所示的三维文字模型。具体效果请参见本书电子教学资源包上"任务相关文档"文件夹中的文件"任务 5.max"。

图 3-42 三维文字模型

制作思路

首先使用"文本"命令创建二维的文字图形，然后再对二维文字图形使用"挤出"修改器，使它产生一定的厚度，从而形成三维模型。

操作步骤 ▶▶▶▶▶▶ **START**

1. 创建文字图形

（1）启动 3ds Max 2012 后，打开"创建/图形"命令面板，然后单击其中的"文本"命令，最后把鼠标移到前视图中单击。这时，视图中出现内容为"MAX 文本"的二维文字图形。

（2）如图 3-43 所示，在命令面板的"参数"卷展栏中设置文本的字体、大小和文本内容。创建完成的二维文字图形如图 3-44 所示。

图 3-43　设置文本参数　　　　　图 3-44　创建二维文字图形

2. 使用"挤出"修改器将二维图形转变成三维模型

（1）在视图中单击选定"巴西世界杯"图形，然后单击命令面板上方的 按钮打开"修改"面板，再单击"修改器列表"右侧的下拉箭头按钮，从弹出的列表中选择"挤出"。

（2）设置"挤出"修改器的参数。在命令面板的"参数"卷展栏中设置"数量"的值为15。这时二维的文字图形即变成了三维模型，如图 3-45 所示。

图 3-45　使用"挤出"修改器后的效果

3. 设置渐变的渲染背景

（1）首先选择"渲染/环境"菜单，打开"环境和效果"对话框。然后在"背景"栏中，单击"无"长按钮，在弹出的"材质/贴图浏览器"窗口中，双击"渐变"。最后关闭"环境和效果"对话框。

（2）单击工具栏中的 按钮，对透视图进行渲染。这时可以看出渲染背景变成了黑、灰、白的渐变色。

（3）调整渐变色。单击工具栏中的"材质编辑器"按钮 或单击快捷键 M，打开"材质编辑器"窗口，单击其中的"获取材质"按钮，然后在弹出的"材质/贴图浏览器"中双击选择"场景材质"卷展栏中的"环境"。这时"材质编辑器"的第一个示例窗口中即显示出了黑白渐变色。

（4）在"材质编辑器"的"渐变参数"卷展栏中，将"颜色 #1"设置为浅黄色，将"颜色 #2"设置为白色，"颜色 #3"设置为橙色。

（5）单击工具栏中的 按钮，对透视图进行渲染。

3.2.3　知识拓展："倒角"修改器和"倒角剖面"修改器

1. "倒角"修改器

"倒角"修改器也可以将二维图形挤出一定的厚度，常用于文字模型和徽标的处理。与"挤出"修改器不同的是，"倒角"修改器能够在三维模型的边缘产生平的或圆的倒角效果，如图 3-46 所示。

"倒角"修改器的参数如图 3-47 所示。

图 3-46　"倒角"修改器的效果

图 3-47　"倒角"修改器的参数

（1）"参数"卷展栏

封口　设置生成的倒角对象是否需要封口。

曲面　控制曲面侧面的曲率、平滑度和贴图。

线性侧面　将倒角内部的片段划分为直线方式。

曲线侧面　将倒角内部的片段划分为弧形方式。通过设置下面的"分段"值，可以使弧形倒角更加平滑。

级间平滑　对倒角进行平滑处理。

相交　选择"避免线相交"复选框，可以防止尖锐折角产生的突出变形。

（2）"倒角值"卷展栏

起始轮廓　设置原始图形轮廓的大小。默认值为 0，非零设置会改变原始图形的大小。

级别 1、级别 2、级别 3　分别设置 3 个级别的高度和轮廓。"轮廓"值小于 0 时，形成向内的倒角，"轮廓"值大于 0 时，形成向外的倒角。

2. "倒角剖面"修改器

"倒角剖面"修改器在二维图形的基础上，使用另一个样条图形作为倒角的横截剖面来挤出图形。下面以制作米奇标志为例，简单介绍"倒角剖面"修改器的作用及用法。

（1）按任务 4 介绍的方法制作二维的米奇标志图形，再用"矩形"命令创建一个较小的圆角矩形作为倒角横截剖面，如图 3-48 所示。

图 3-48　倒角剖面对象的原始图形

（2）选择米奇图形，在"修改"命令面板的修改器列表中选择"倒角剖面"修改器，在"参数"卷展栏中，单击"拾取剖面"按钮，然后把光标移到视图中单击圆角矩形，即可生成一个三维的米奇模型，其横截剖面则是圆角矩形，其效果如图 3-49 所示。

图 3-49　横截剖面图形与倒角剖面对象（一）

下面修改作为横截剖面的图形，观察生成的倒角剖面对象的变化。

（3）将圆角矩形转换为可编辑样条线，通过编辑顶点的方法改变矩形的形状，其效果如图 3-50 所示。

图 3-50　横截剖面图形与倒角剖面对象（二）

3.3　任务 6：花瓶建模——使用"车削"修改器产生三维模型

3.3.1　预备知识："车削"修改器

"车削"修改器的作用是通过绕指定的轴旋转二维图形而得到三维模型，它也是将二维图形转换成三维模型的一种重要方法，常用来建立如柱子、花瓶、盘子、盆等轴对称模型。

选择要应用"车削"修改器的二维图形，然后单击"修改"面板中"修改器列表"框右侧的下拉箭头按钮，再从弹出的列表中选择"车削"，即可对所选二维图形应用"车削"修改器。

"车削"修改器的参数如图 3-51 所示。

度数　设置二维图形绕转轴旋转的角度，取值范围为 0～360°，默认值为 360°。

焊接内核　选中该复选框后，将焊接旋转轴中心的顶点，以简化网格面。

翻转法线　选中该复选框后，将使旋转物体表面法线反向，即旋转物体由内至外翻了个面。

分段　设置旋转得到的三维模型在圆周方向上的分段数，该值越大，物体表面就越平滑，其默认值为 16。

封口　如果车削对象的"度数"小于 360°，则可通过该选项控制是否在车削对象内部创建封口。

图 3-51　"车削"修改器的参数

方向　设置旋转的转轴。默认情况下，二维图形将绕 Y 轴旋转。

对齐　设置转轴对齐在二维图形的哪个位置。这是一个非常重要的参数，转轴的对齐位置将直接影响最后得到的三维模型的外形。可将转轴对齐在以下 3 个不同的位置：

最小　将转轴对齐在图形的最小坐标处。

中心　将转轴对齐在图形的中心。

最大　将转轴对齐在图形的最大坐标处。

转轴的位置还可任意调整。应用了"车削"修改器后，在"参数"卷展栏上方的修改器堆栈列表中，单击"车削"前面的"+"使之展开，如图 3-52 所示，再单击分支中的"轴"，然后使用移动工具 可以任意调整转轴位置。

图 3-52　选择"车削"修改器下的子对象"轴"

3.3.2　任务实施

任务目标

掌握"车削"修改器的使用方法及其常用参数。

任务描述

本任务使用"车削"修改器制作花瓶模型，如图 3-53 所示具体效果请参见电子教学资源包光盘上"任务相关文档"文件夹中的文件"任务 6.max"。在后面第 5 章的材质和贴图中，将为这个花瓶模型指定不同的材质，使其呈现出多种视觉效果。

图 3-53　花瓶

制作思路

（1）首先使用"线"命令勾画花瓶的截面图形。

（2）编辑截面图形，产生轮廓线。

（3）使用"车削"修改器，将截面图形旋转成三维模型。

操作步骤　　　　　　　　　　　　　　　　>>>>>>>> START

1．创建花瓶的截面图形

（1）启动 3ds Max 2012 后，打开"创建/图形"命令面板，单击"对象类型"卷展栏中的"线"按钮，然后在前视图中绘制如图 3-54 所示的图形。

图 3-54　花瓶截面的初始线条

（2）调整花瓶截面的初始线条使其变平滑。确认绘制的图形被选定，打开"修改"命令面板，单击"Line"前面的"+"使之展开，再单击"顶点"或单击快捷键 1 进入顶点子对象的编辑层级（也可在"选择"卷展栏中单击 ■ 按钮进入顶点子对象的编辑层级）。

（3）选择要调整成平滑线条处的顶点，然后单击鼠标右键，从弹出的快捷菜单中选择Bezier，通过移动顶点或移动 Bezier 顶点的调节柄，使图形轮廓变得平滑，如图 3-55 所示。

图 3-55　平滑后的截面图形

（4）单击快捷键 3 进入样条线编辑层级，单击选择截面图形后，使用"几何体"卷展栏中的"轮廓"命令，生成截面图形的轮廓线，其效果如图 3-56 所示。

图 3-56　生成截面图形的轮廓线

2. 使用"车削"修改器将截面图形旋转成三维模型

（1）确认花瓶截面图形处于选定状态，单击"修改器列表"右侧的下拉箭头按钮，从弹出的修改器列表中选择"车削"。这时从视图中可以看到截面图形随即旋转成了三维模型，如图 3-57 所示。

图 3-57　旋转得到的三维模型

（2）在"车削"修改器"参数"卷展栏的"对齐"栏中单击"最大"按钮，即可将转轴对齐在图形的最大坐标处，再设置"分段"为 30，其效果如图 3-58 所示。至此，就完成了花瓶模型的制作。

图 3-58　完成后的花瓶模型

（3）在透视图中单击，然后单击工具栏中的　　按钮渲染该视图，观察花瓶模型的效果。

3.4 **任务 7**：制作冰淇淋模型——创建放样复合对象

3.4.1 **预备知识："放样"命令**

1. 放样的有关概念

在二维图形的基础上产生三维模型的另一条重要途径是使用"放样"命令，与前面介绍的"挤出"、"倒角"、"车削"等命令相比，使用"放样"命令可以得到更复杂、更灵活多变的三维模型。

放样是一种创建复合对象的工具，它可以将二维图形放样成三维模型。该命令位于"创建/几何体/复合对象"命令面板中。

所谓"放样"，是指将一个或多个二维图形放置在一条三维空间的路径上，使它沿着这条路径挤出生成三维模型。例如，将圆环沿着一条曲线放样，即可得到一根管道，如图 3-59 所示。

图 3-59　圆环沿一条曲线放样

放样是产生复杂三维模型的重要方法之一。放样最少需要两个二维图形，一个作为路径，另一个作为放样生成物的横截面。

（1）截面图形。截面图形是指用于放样成三维模型的横截面。截面图形可以是闭合的，也可以是开放的。生成放样对象时，可以同时在一条放样路径上放置多个不同的截面图形，这样就能得到更为复杂的三维造型。

（2）放样路径。可以把放样路径看作是一个容纳图形的地方，截面图形就是沿着路径进行放样（堆叠）。放样路径可以是闭合的，也可以是开放的。

（3）放样对象。使用"放样"命令将截面图形沿路径伸展后所得到的三维模型，称为放样对象。对于同一个放样对象来说，可以有多个截面图形，但路径却只能有一条。

2．创建放样对象的一般操作步骤

（1）创建要作为放样路径的图形，以及要作为放样横截面的一个或多个图形。

（2）首先选择路径图形，再在"创建/几何体/复合对象"命令面板中选择"放样"命令，然后在"创建方法"卷展栏中单击"获取图形"按钮，最后在视图单击截面图形。

或者首先选择截面图形，然后再单击"获取路径"按钮，最后在视图中单击放样路径。

3．"放样"命令的常用参数

选择放样对象后，单击命令面板中的 按钮打开"修改"面板，在修改器堆栈列表中显示 Loft 工具，其参数面板也将显示在"修改"面板的下方，如图 3-60 所示。

（1）"创建方法"卷展栏

图 3-60　"放样"命令的参数

获取路径　如果单击"放样"按钮之前选择的是截面图形，那么此时就应单击"获取路径"按钮获取路径。

获取图形　如果单击"放样"按钮之前选择的是想作为路径的图形，那么此时就应单击"获取图形"按钮获取截面图形。

移动/复制/实例　用于指定路径或图形转换为放样对象的方式。在"移动"的情况下不会保留原图形副本。如果创建了放样对象后要进一步编辑路径，则应选用"实例"选项。

（2）"路径参数"卷展栏

"路径参数"卷展栏用于设置在放样路径上放置多个截面图形时，各个截面图形之间的距离。

路径　该文本框中数值指定所选的截面图形在路径上的位置。

捕捉　用于设置沿着路径图形之间的恒定距离。当勾选"启用"复选框时，"捕捉"处于活动状态。默认设置为禁用状态。

百分比　用路径的百分比来指定截面图形的位置。

距离　用从路径开始的绝对距离来指定截面图形的位置。

路径步数　用表示路径样条线的顶点和步数来指定横截面的位置。

3.4.2　任务实施

任务目标

（1）理解放样的相关术语，掌握"放样"命令的基本使用方法。

（2）掌握放样变形的使用方法。

任务描述

本任务使用"放样"命令制作冰淇淋模型，如图 3-61 所示。具体效果请参见本书电子教学资源包上"任务相关文档"文件夹中的文件"任务 7.max"。

图 3-61　冰淇淋模型

制作思路

（1）冰淇淋的蛋筒用车削的方式得到。

（2）扭转的冰淇淋通过放样产生。使用创建二维图形的有关命令创建冰淇淋的放样路径和截面图形。

（3）使用放样命令进行放样，最后再应用缩放变形工具和扭曲变形工具调整出冰淇淋的形状。

操作步骤 ▷▷▷▷▷▷ **START**

1．制作蛋筒

（1）创建蛋筒的截面图形。启动 3ds Max 2012 之后，打开"创建/图形"命令面板，使用"线"命令在前视图中画一条直线，并进入"样条线"子对象编辑层级，生成其轮廓图形，如图 3-62 所示。

图 3-62 蛋筒的截面图形

（2）"车削"生成蛋筒。确认蛋筒截面图形被选定，打开"修改"命令面板，在"修改器列表"中选择"车削"，线条即被旋转成了三维模型。在"参数"卷展栏中勾选"焊接内核"，设置"分段"为 40，"对齐"为"最小"，即得到蛋筒模型，如图 3-63 所示。

图 3-63 蛋筒

2．制作冰淇淋

（1）创建冰淇淋的放样路径和截面图形。打开"创建/图形"命令面板，分别使用其中的"星形"命令和"线"命令，在前视图中创建如图 3-64 所示的星形和直线。其中，星形将作为冰淇淋的截面图形；直线将作为放样路径。

"星形"命令的参数设置如图 3-65 所示。

图 3-64 冰淇淋的截面图形和放样路径

图 3-65 星形的参数设置

（2）放样操作。单击直线选择放样路径，然后打开"创建/几何体/复合对象"命令面板，单击其中的"放样"命令按钮后，在"创建方法"卷展栏内单击"获取图形"按钮，最后在前视图中单击星形获取截面图形，这时，视图中即出现了一个柱形放样对象，如图 3-66 所示。

（3）在命令面板的"蒙皮参数"卷展栏中，将"路径步数"值设置为 16。最后将放样对象移到蛋筒的位置。

（4）缩放变形。确定放样对象为选定状态，打开"修改"命令面板，在"变形"卷展栏中单击"缩放"按钮，然后在打开的"缩放变形"窗口中，将左端的控制点向下移动，使其缩放比例值为 4%，如图 3-67 所示。

图 3-66 柱型放样对象

图 3-67 缩放变形

这时冰淇淋就变成了锥形，其效果如图 3-68 所示。

图 3-68　冰淇淋缩放变形的效果

（5）扭曲变形。关闭"缩放变形"窗口后，再单击"变形"卷展栏中的"扭曲"按钮打开
"扭曲变形"窗口。在该窗口中将右侧的控制点下移，使其扭曲值为-200，其效果如图 3-69 所
示。这时，冰淇淋变形了如图 3-70 所示的形状。这样，一个蛋筒冰淇淋模型就制作完成了。

图 3-69　扭曲变形

图 3-70　冰淇淋扭曲变形的结果

3.4.3　知识拓展 1：放样变形

选定放样对象并打开"修改"命令面板后，命令面板的底部会出现"变形"卷展栏，该卷展栏中提供了 5 个放样变形命令，如图 3-71 所示。对放样对象来说，使用"变形"卷展栏中的各种变形命令，可以实现对放样对象的修饰处理，以产生更加复杂的三维模型。

图 3-71　"变形"卷展栏

提示

　　"变形"在"创建"面板上不可用。必须在生成放样对象之后，打开"修改"面板才能访问"变形"卷展栏。

1．缩放变形

缩放变形工具对放样路径上的截面图形大小进行缩放，在获得同一造型的截面在路径上的不同位置具有不同大小比例的特殊效果。任务 7 就是使用了缩放变形工具来使冰淇淋模型变成锥形。

2．扭曲变形

扭曲变形工具使放样对象的截面图形沿路径所在的轴旋转，以形成扭曲的造型。

3．倾斜变形

倾斜变形工具主要用于改变放样对象在路径始末端的倾斜度。如图 3-72 所示的圆珠笔模型其放样路径为直线，截面图形为圆环。经过缩放变形使圆珠笔笔杆的底部缩小，倾斜变形产生笔杆顶部的倾斜效果。

图 3-72　圆珠笔

4. 倒角变形

倒角变形工具通过设置变形曲线使放样对象的边缘产生倒角效果。如图 3-73 所示的倒角文字是对放样对象使用倒角变形制作出来的，其截面图形是文本文字图形，放样路径是一条直线段。

图 3-73　使用倒角变形制作的倒角文字

5. 拟合变形

拟合变形用于根据自己定义的截面造型来产生模型。其基本思想是通过使用两条修正曲线定义放样对象的顶面和侧面轮廓。通常，如果想要通过轮廓线生成放样对象时就可以使用拟合变形，如图 3-74 所示。

图 3-74　拟合变形

3.4.4　知识拓展 2：多截面放样

许多复杂的三维造型均有多种不同的横截面，这种造型可以通过在一条放样路径上放置多个不同的截面图形来实现。

1. 多截面图形设置

本节以制作如图 3-75 所示的瓶子造型为例，详细介绍在一条放样路径上放置多个不同截面图形的方法。

图 3-75 瓶子

 操作步骤 ▶▶▶▶▶▶ START

（1）启动 3ds Max 2012 之后，打开"创建/图形"命令面板，分别使用"线"、"矩形"、"圆形"命令，在前视图中创建如图 3-76 所示的直线、圆角矩形和一大一小两个圆形。其中，圆角矩形和圆形将作为瓶子的截面图形，直线将作为放样路径。

图 3-76 瓶子的截面图形和放样路径

（2）单击直线选择放样路径，然后打开"创建/几何体/复合对象"命令面板，在"对象类型"卷展栏中单击"放样"命令按钮后，在"创建方法"卷展栏内单击"获取图形"按钮，然后在前视图中单击小圆形获取截面图形，这时，视图中即出现了一个圆柱形放样对象。

（3）在命令面板的"路径参数"卷展栏中，将"路径"值改为 10，此时从前视图中可以观察到放样对象的路径上有一个黄色的"×"标记，它表示当前所要获取的截面图形在路径上的位置。单击"获取图形"按钮，再次在视图中单击选择小圆形。

（4）将"路径"参数的值改为 11，再单击"获取图形"按钮，然后在视图中单击选择圆角矩形，这时放样对象的变化如图 3-77 所示。

图 3-77　在路径上放置圆形和圆角矩形后的放样对象

（5）将"路径"参数的值改为 60，再次单击"获取图形"按钮，然后在视图中单击选择大圆形，这时，放样对象就变成了一个瓶子造型。

仔细观察瓶子的上半部，可以看出圆形截面向矩形截面过渡的位置有些扭曲，如图 3-78 所示。这是因为圆形与矩形两个图形的起始点位置不同，从而导致了放样对象的扭曲现象。下面，我们就检查并调整各个截面图形的起始点，使它们对齐。

图 3-78　扭曲现象

（6）确认瓶子处于选定状态，打开"修改"命令面板，在修改器堆栈列表中，单击 Loft 前面的"+"使之展开，再单击子对象"图形"，这时，"图形命令"卷展栏即出现在命令面板中。

（7）单击"图形命令"卷展栏中的"比较"按钮，弹出"比较"对话框。单击对话框左上角的"拾取图形"按钮 ，再把光标移到视图中放样对象处的小圆形处，这时光标旁出现了一个加号。单击鼠标左键后，小圆形即出现在"比较"对话框中。用相同的方法，分别拾取矩形和大圆形，其效果如图 3-79 所示。

（8）注意观察"比较"对话框中每个截面图形上的起始顶点标志，由图 3-79 中可以看出，圆形和圆角矩形的起始点没有对齐在一条水平线上。单击工具栏中的 按钮，在视图中旋转圆角矩形，使圆角矩形与圆形的起始点对齐在一条水平线上，如图 3-80 所示。

图 3-79 "比较"对话框

图 3-80 对齐各个截面图形的起始点

（9）渲染透视图，得到如图 3-81 所示的渲染效果。

图 3-81 瓶子造型

2．调整截面图形

通过在修改器堆栈中单击 Loft 层级中的"图形"子对象，可以调整截面图形的位置和角度。

（1）调整截面图形的位置。

在修改器堆栈中选择"图形"子对象后，单击工具栏中 ![按钮] 按钮，然后将鼠标移到视图中单击所要调整的截面图形，这时，"图形命令"卷展栏中的"路径级别"参数被激活了，在其中输入新的数值即可改变图形的位置。也可以用工具栏中 ![按钮] 按钮直接在视图中拖动鼠标调整图形位置。

（2）调整图形的起始点。

在进行多截面放样时，由于各个截面图形的起始点位置不同，产生的放样对象会有一定的扭曲。使用"比较"对话框可以比较和调整截面图形的起始点，从而消除放样对象的扭曲现象。在修改器堆栈中选择"图形"子对象后，单击"图形命令"卷展栏中的"比较"按钮，打开"比较"对话框，即可调整、对齐各截面图形的起始点位置。

3.5　本章快捷键汇总

功　　能	快　捷　键
孤立当前选择	Alt + Q
打开间隔工具	Shift + I
缩放视图	滚动鼠标中键
可编辑样条线的顶点层级	1
可编辑样条线的边层级	2
可编辑样条线的样条线层级	3
删除所选对象	Delete

3.6 拓展训练

3.6.1 罐子

训练内容

参照本书电子教学资源包上"拓展训练"文件夹中的文件"实训 3-1.max"，制作一个带盖子的罐子模型，其效果如图 3-82 所示。

图 3-82 罐子

训练重点

（1）创建及编辑二维图形。

（2）使用"车削"修改器旋转二维图形，得到三维模型。

操作提示

（1）启动 3ds Max 2012 之后，打开"创建/图形"命令面板，使用"线"命令在前视图中创建罐子的初始截面图形，如图 3-83 所示。

图 3-83 罐子的初始截面图形

（2）在"修改"命令面板的"修改器列表"列表中展开 Line 层级，单击其中的"顶点"或单击快捷键 1 进入顶点编辑状态，通过调整顶点的类型及位置，使罐子的截面图形变得平滑，其效果如图 3-84 所示。

图 3-84　调整后的罐子截面图形

（3）单击"修改器列表"中的 Line，回到线的编辑状态。确认罐子图形被选定，在"修改器列表"中选择"车削"，线条即被旋转成了三维模型。在"参数"卷展栏中设置"分段"为 30，"对齐"为"最小"，即得到一个带盖子的罐子模型。

3.6.2　衬布

训练内容

参照本书电子教学资源包上"拓展训练"文件夹中的文件"实训 3-2.max"，制作静物场景中的衬布，其效果如图 3-85 所示。

图 3-85　静物

训练重点

（1）使用"放样"命令创建放样对象。
（2）在放样路径上放置多个截面图形。

操作提示

（1）打开场景文件。启动 3ds Max 2012 后，单击屏幕左上角的 📁 按钮，在"打开文件"对话框中，选择本书电子教学资源包上"场景"文件夹中的"场景 3-1.max"文件。该文件中提供了一个静物场景，如图 3-86 所示。下面，我们要给花瓶、罐子等静物加上一块衬布，使场景更加生动。

图 3-86　静物场景

（2）创建衬布的截面图形和放样路径。打开"创建/图形"命令面板，单击"对象类型"卷展栏中的"线"命令，如图 3-87 所示，在左视图中绘制两条波浪线作为衬布的截面图形，再沿摆放静物的台面创建一条曲线作为衬布的放样路径。

图 3-87　衬布的截面图形和放样路径

（3）单击作为放样路径的曲线，然后打开"创建/几何体/复合对象"命令面板，在"对象类型"卷展栏中单击下"放样"命令按钮后，在"创建方法"卷展栏内单击"获取图形"按钮，然后在左视图中单击"波浪线 1"获取截面图形，这时，视图中即出现了一个放样对象。

（4）在命令面板的"路径参数"卷展栏中，将"路径"值改为50。

（5）再次单击"获取图形"按钮，然后在视图中单击选择"波浪线 2"。从视图中可以看出放样对象衬布的褶皱发生了变化。

（6）在命令面板的"蒙皮参数"卷展栏中，勾选"翻转法线"复选框。最后将衬布移到摆放静物的位置。

（7）单击工具栏中的 ▣ 按钮渲染透视图。

 # 习题与实训 3

一、填空题

（1）"线"命令可以创建＿＿＿＿＿＿＿、＿＿＿＿＿＿＿和任意形状的二维图形。

（2）绘制矩形时，按住＿＿＿＿＿＿＿键，将得到正方形。

（3）二维图形的子对象包括＿＿＿＿＿＿＿＿、＿＿＿＿＿＿＿和＿＿＿＿＿＿＿。

（4）顶点的类型有＿＿＿＿＿＿＿＿＿、＿＿＿＿＿＿＿＿＿、＿＿＿＿＿＿＿＿＿和＿＿＿＿＿＿＿＿＿4 种。

（5）使用＿＿＿＿＿＿＿＿＿编辑修改器可以访问和编辑二维图形的子对象。

（6）"车削"修改器的作用是＿＿＿＿＿＿＿＿＿＿＿＿＿＿＿＿＿＿＿＿＿＿＿＿＿＿＿＿＿。

（7）放样变形的工具有＿＿＿＿＿＿＿＿、＿＿＿＿＿＿＿＿、＿＿＿＿＿＿＿＿、＿＿＿＿＿＿＿＿和＿＿＿＿＿＿＿＿。

二、简答题

（1）简述创建曲线的方法。

（2）简述创建放样对象的操作步骤。

（3）如何在放样路径上放置多个截面图形？

（4）将二维图形转变为三维模型的途径主要有哪些？

三、上机操作

使用放样工具制作植物造型，如图 3-88 所示（具体效果可参见本书电子教学资源包上"拓展训练"文件夹中的文件"实训 3-3.max"）。

图 3-88　植物

第 4 章

模 型 编 辑

很多时候，由几何体构造出来的三维模型或直接由二维图形得到的三维模型，并不能完全满足我们的造型要求，这时，就需要对三维模型进行进一步的编辑和加工，从而得到更为复杂、更为精致的三维造型。

3ds Max 2012 提供了许多现成的编辑修改器，使用这些编辑修改器，可以让非常简单的三维模型发生令人吃惊的变化。本章将通过两个具体的造型实例，重点介绍几种常用的编辑修改器及其有关参数。

知识和技能	学 习 要 求	
	了　解	掌　握
修改器堆栈的使用		●
常用修改器的功能及其参数		●
三维模型的子对象	●	
通过子对象编辑三维模型		●

4.1 **任务** 8：台灯——使用"弯曲"和"锥化"修改器

4.1.1 预备知识：修改器堆栈

1．"修改"命令面板

3ds Max 提供了大量的用于改变模型几何形状和属性的修改器。选择想要修改的模型后，单击命令面板上方的 按钮，即可打开"修改"命令面板。在"修改"命令面板的"修改器列表"中，列出了"选择修改器"、"世界空间修改器"、"对象空间修改器"等几大类修改器，每个修改器都有自己的参数集合，通过参数的设置来达到修改模型的目的。可以根据需要选择要应用的修改器，一个模型可以被应用多个修改器。

"修改"命令面板主要由 4 个部分组成，即名称和颜色区、修改器列表、修改器堆栈和参数面板，如图 4-1 所示。其中，参数面板的具体内容由当前所选编辑修改器决定。

图 4-1 "修改"命令面板

2．修改器堆栈的构成

在"修改"命令面板的修改器堆栈列表中，显示了所选对象从创建到修改所使用过的所有命令。如果一个三维模型是通过使用若干修改器而得到的，那么，原始的创建命令以及所有修改器命令都会按照使用顺序排列在修改器堆栈列表中。最先使用的命令位于堆栈底部，最后使用的命令位于堆栈的顶部。

例如，由图 4-1 的修改器堆栈列表中可以看出，名为"Box001"的三维模型首先由"Box"命令创建，然后先后应用了"Taper"、"Bend"、"晶格"三个修改器。

通过修改器堆栈，可以回到前面使用过的创建或修改命令，然后根据需要重新设置该命令的有关参数。

3．修改器堆栈的常用操作

（1）激活或停止修改器产生的效果。

在修改器堆栈列表显示的每个修改器命令前面，都有一个 图标，单击该图标使之变成 后，当前修改器命令对物体产生的效果就会被暂时取消，这样就能迅速知道如果当前修改器没有起作用，三维体会是什么样子。

（2）显示或关闭最后效果。

在修改器堆栈列表的下方，有一个 ⬛ 按钮，该按钮默认为打开状态，这时，对象呈现出堆栈中所有命令的共同作用效果，即最后效果。当该按钮被关闭时，则只显示出对象到堆栈当前修改器命令的变化效果，而当前修改器命令以上的所有修改器命令的作用暂时被取消。

（3）从堆栈中删除修改器。

单击修改器堆栈列表下方的 ⬛ 按钮，可以删除堆栈中的当前修改器，以彻底取消该修改器对模型产生的作用。

4.1.2 任务实施

任务目标

（1）掌握"弯曲"修改器和"锥化"修改器的使用方法。
（2）理解修改器堆栈的作用，掌握修改器堆栈的操作方法。

任务描述

本任务将使用"弯曲"修改器和"锥化"修改器，在三维基本体的基础上制作一个台灯模型，如图 4-2 所示。具体效果请参见本书电子教学资源包上"任务相关文档"文件夹中的文件"任务 8.max"。

图 4-2　台灯

制作思路

台灯造型可使用 3 种现成的几何体，即作为台灯底座的倒角圆柱体、作为灯柱的软管、作为灯罩的圆管。使用"弯曲"修改器弯曲灯柱；使用"锥化"修改器产生灯罩的锥形效果。

操作步骤 _____ **START** >>>>>>

1. 制作灯座

（1）启动 3ds Max 2012 之后，使用"自定义/单位设置"菜单，在"单位设置"对话框中，将场景单位设置为"厘米"。

（2）制作桌面。使用"长方体"命令，在顶视图中创建一个长、宽、高分别为 80cm、150cm、5cm 的长方体，作为放置台灯的桌面。

（3）制作台灯底座。打开"创建/几何体/扩展基本体"命令面板，使用"切角圆柱体"命令，在顶视图中创建一个切角圆柱体，设置半径为 8cm，高为 3cm，圆角为 1cm，圆角分段为 3，边数为 25。最后，在前视图或左视图中，将切角圆柱体移放到长方体桌面上。

（4）制作开关。用相同的方法再制作一个小的切角圆柱体，设置半径为 0.6cm，高为 2cm，圆角为 0.3cm，圆角分段为 3，边数为 12。将该切角圆柱体移放到台灯的底座上，如图 4-3 所示。

图 4-3　台灯底座

2. 制作灯柱

（1）制作灯柱的初始造型。在"创建/几何体/扩展基本体"命令面板中，选择"软管"命令，在顶视图中拖放鼠标，创建一个软管。设置高度为 50cm，分段为 100，周期数为 40，直径为 1.6，其效果如图 4-4 所示。

图 4-4　灯柱的初始造型效果

（2）弯曲灯柱。在视图中单击选择灯柱，然后单击命令面板上方的█按钮打开"修改"面板，在"修改器列表"中选择"弯曲"修改器。这时，灯柱上出现了一个橘色外框。对三维模型使用对象空间修改器时，所选对象上都会出现一个橘色外框，通过它可以了解修改器所产生的外形结构。3ds Max 称这个橘色外框为 Gizmo。如图 4-5 所示，设置"弯曲"修改器的有关参数。这时，灯柱的弯曲效果如图 4-6 所示。

图 4-5　"弯曲"修改器的参数　　　　图 4-6　灯柱的弯曲效果（一）

💬 提示

三维模型在弯曲轴向上的分段数会影响弯曲的平滑程度。分段数越大，弯曲的表面曲线就越平滑。

（3）调整弯曲中心。在命令面板的修改器堆栈中，单击 Bend 前面的"+"使之展开，再单击选择展开分支中的"中心"，如图 4-7 所示。

在工具栏中单击█按钮后，在前视图中沿着 Y 轴将黄色的"中心"图标向上移动，使灯柱的弯曲效果如图 4-8 所示。最后在修改器堆栈中单击 Bend，结束对"中心"层级的操作。

图 4-7　调整弯曲中心　　　　图 4-8　灯柱的弯曲效果（二）

3．制作灯罩

（1）制作灯罩的初始造型。打开"创建/几何体/标准基本体"命令面板，选择其中的"管状体"命令，在顶视图中创建一个管状体。设置半径 1 为 10cm，半径 2 为 9.5cm，高度为 15cm，高度分段为 8，其效果如图 4-9 所示。

（2）把管状体变成圆拱形的灯罩。选择管状体后，打开"修改"命令面板，在修改器列表中选择"锥化"修改器。如图 4-10 所示,设置其参数,其效果如图 4-11 所示。

图 4-9 灯罩的初始造型

图 4-10 "锥化"修改器的参数

图 4-11 应用"锥化"修改器后的灯罩

提示

"曲线"参数对锥化 Gizmo 的侧面应用曲率。当该参数为正值时,会沿着锥化侧面产生向外的曲线;当该参数为负值时,会产生向内的曲线;当该参数为 0 时,侧面不变。其默认值为 0。

(3)调整灯罩的位置和角度。单击工具栏中的 按钮,在前视图中将灯罩绕 Z 轴沿逆时针方向旋转一定的角度,然后移动灯罩的位置,使之与灯柱连接在一起,如图 4-12 所示。到此,就完成了台灯模型的制作。

图 4-12 调整灯罩的位置和角度

4.1.3 知识拓展:常用修改器

3ds Max 2012 提供了大量的修改器,在前面介绍的任务 8 中,只应用了对象空间修改器中的"弯曲"和"锥化"两种修改器。下面，再对其他几种常用修改器及其参数进行简单介绍。

1. 扭曲

"扭曲"修改器的作用是使三维模型发生扭转，以产生类似螺旋状的效果。如图 4-13 所示是一个长方体扭曲后的效果。

"扭曲"修改器的参数如图 4-14 所示。

图 4-13　扭曲效果

图 4-14　"扭曲"修改器的参数

扭曲　此参数栏用于设置扭曲程度。其中包含以下两个参数：

角度　设置三维模型的扭曲角度。

偏移　设置扭曲中心的偏移距离，取值范围为-100～100。

扭曲轴　设置发生扭曲的轴向。

限制　设置扭曲的上限和下限。

2. 噪波

"噪波"修改器可以使对象表面产生起伏不平的效果，常用来制作复杂的地形、地面、有波浪的水面等，也可以利用噪波修改器的动画参数制作飘动的旗帜等动画效果。如图 4-15 所示是对平面使用噪波修改器制作的山脉。

"噪波"修改器的参数如图 4-16 所示。

图 4-15　使用噪波修改器制作的山脉

图 4-16　"噪波"修改器的参数

噪波　此参数栏用于设置噪波模式，其中包含以下几个参数。

种子　设置产生噪波的随机数生成器。"种子"的值不同，噪波的模式也就不一样。

比例　设置噪波的缩放比例。比例值越大，噪波就越粗大，反之，比例值越小，产生的噪波就越细小。

分形 产生分形干扰。该选项可以在噪波的基础上再生成不规则的复杂外形。当该选项被激活后，就可以设置控制噪波总体粗糙度的"粗糙度"参数和控制噪波精度的"迭代次数"参数。

强度 设置 3 个轴向上的噪波强度。

动画 设置噪波的动态效果。当勾选该参数栏中的"动画噪波"复选框后，即可自动产生三维体的表面变形动画效果。

频率 设置噪波动画的速度。较高的频率使得噪波振动得更快，而较低的频率则产生较为平滑温和的噪波。

相位 设置噪波波形移动的开始和结束点。

3．晶格

"晶格"修改器将模型的线段或边转化为圆柱形结构，并在顶点上产生可选的关节多面体。使用"晶格"修改器可以在模型的网格结构基础上创建可渲染的几何体结构，以获得线框渲染效果。如图 4-17 所示是对球体和长方体应用"晶格"修改器的效果。

图 4-17　"晶格"修改器的效果

"晶格"修改器的参数如图 4-18 所示。

图 4-18　"晶格"修改器的参数

（1）几何体：指定将晶格效果应用于整个对象还是仅应用于选中的子对象，并设置是否显示晶格结构中的支柱和节点这两个组件。

仅来自顶点的节点 仅显示由原始网格顶点产生的节点。

仅来自边的支柱 仅显示由原始网格线段产生的支柱。

二者 同时显示节点和支柱，如图 4-19 所示。

图 4-19　节点和支柱

支柱　此参数栏用于控制晶格结构中的支柱。

半径　设置支柱的半径。

分段　设置支柱的分段数。

边数　设置支柱周边的边数。

材质 ID　指定支柱的材质 ID。使支柱和节点具有不同的材质 ID，是为了给它们指定不同的材质。支柱默认的材质 ID 为 1。

节点　此参数栏用于设置节点的类型，包括四面体、八面体、二十面体。

半径　设置节点的半径。

分段　设置节点的分段数。

材质 ID　指定节点的材质 ID，默认值为 2。

平滑　将平滑应用于节点。

4．涟漪

"涟漪"修改器的作用是在三维模型的表面形成一串同心的波纹，从而产生波形效果。如图 4-20 所示是在一个平面的基础上形成的波纹效果。

"涟漪"修改器的参数如图 4-21 所示。

图 4-20　平面形成的波纹效果　　　　图 4-21　"涟漪"修改器的参数

振幅 1 和振幅 2　设置波纹的振幅。

波长　设置波峰间的距离。

相位　设置波纹的相位。当"相位"值为正时，波纹向内移动；当"相位"值为负时，波纹向外移动。

衰退　设置波纹的衰减效果。"衰退"值越大，则产生的波纹效果就越小。

🔊 **提示**

要想使产生的波纹效果平滑美观，则必须对应用"涟漪"修改器的三维体在产生波纹的方向上设置一定的分段数，而且分段数不能太小。

5. 路径变形

"路径变形"修改器可以使对象以指定样条线作为路径发生变形。应用了"路径变形"修改器后，对象上会出现与路径形状相同的 Gizmo。如图 4-22 所示是一串数字模型沿一条曲线路径变形的效果。

"路径变形"修改器的参数如图 4-23 所示。

图 4-22　数字模型沿一条曲线路径变形　　　　图 4-23　"路径变形"修改器的参数

拾取路径　单击该按钮后，可选择一条曲线作为变形路径。

百分比　根据路径长度的百分比，沿着 Gizmo 路径移动对象。

拉伸　使用对象的轴点作为缩放的中心，沿着 Gizmo 路径缩放对象。

旋转　绕 Gizmo 路径旋转对象。

扭曲　绕 Gizmo 路径扭曲对象。

路径变形轴　选择一条轴以旋转 Gizmo 路径。

6. 倾斜

"倾斜"修改器的作用是对一个三维模型产生倾斜效果，如图 4-24 所示。

图 4-24　树的倾斜效果

"倾斜"修改器的参数如图 4-25 所示。

倾斜　设置倾斜效果。其中包含以下两项参数。

数量　设置倾斜的程度。

方向　设置相对于水平面的倾斜方向。

倾斜轴　设置倾斜轴。

限制　设置产生倾斜的上限和下限。

7．球形化

"球形化"修改器的作用是将三维模型变成球形外观。该修改器只有 1 个参数"百分比"，用于设置球形化的百分比，如图 4-26 所示。

图 4-25　"倾斜"修改器的参数　　图 4-26　"球形化"修改器的参数

如图 4-27 所示是对树应用"球形化"修改器的效果。

图 4-27　树的球形化

8．FFD 修改器

FFD（自由变形）修改器可以对模型进行自由变形。FFD 修改器系列中共有 5 个修改器，分别是 FFD2×2×2、FFD3×3×3、FFD4×4×4、FFD（长方体）、FFD（圆柱体）。其中，前 3 个 FFD 修改器的控制点数目是固定的，后两个 FFD 修改器的控制点数目则可以自行设置。

（1）FFD 修改器子对象

每种 FFD 修改器都有 3 个子对象，如图 4-28 所示。

图 4-28　FFD 修改器的子对象

控制点　在此子对象层级可以对控制点进行操作，通过调整控制点的位置来改变模型的形状。

晶格　在此子对象层级，可以对晶格框进行移动、旋转或缩放操作。

设置体积　在此子对象层级，控制点变为绿色，可以选择并操作控制点而不影响模型的形状。

（2）FFD 修改器使用方法

下面以制作如图 4-29 所示的靠垫为例，介绍 FFD 自由变形修改器的使用方法。

① 启动 3ds Max 2012 后，打开"创建/几何体/扩展基本体"命令面板。使用"切角长方体"命令在前视图中创建一个切角长方体。设置长、宽、高分别为 60、60、15，圆角为 3，长度分段和宽度分段均为 10，圆角分段为 4，如图 4-30 所示。

图 4-29　靠垫

图 4-30　切角长方体

② 应用 FFD 修改器。确认切角长方体被选中，打开"修改"面板，在"修改器列表"中选择"FFD（长方体）"修改器。这时切角长方体上即出现了一个橙色晶格框。

③ 设置控制点的数目。在命令面板的"FFD 参数"卷展栏中，单击"设置点数"按钮，弹出"设置 FFD 尺寸"对话框，如图 4-31 所示。在该对话框中将"长度"和"宽度"的值都设置为 6。这时从视图中可以看到，FFD 修改器的橙色晶格框在长度和宽度方向上的控制点由原来的 4 层变成了 6 层，修改器堆栈中的 FFD（长方体）4×4×4 也变成了 FFD（长方体）6×6×4。

④ 编辑控制点。在修改器堆栈中，单击 FFD（长方体）6×6×4 前面的"＋"，展开 FFD 修改器的子对象分支。选择其中的"控制点"，然后按住 Shift 键，在顶视图中拖选最外层的一圈控制点。

⑤ 单击工具栏中的 ⬛ 按钮，在前视图中沿 Y 轴向内缩进刚才选定的最外一层控制点，其效果如图 4-32 所示。

图 4-31 "设置 FFD 尺寸"对话框

图 4-32 向内缩进最外一层控制点

⑥ 在顶视图中拖选中间的四个控制点，然后单击工具栏中的■按钮，在前视图中沿 Y 轴放大所选控制点，其效果如图 4-33 所示。

图 4-33 放大中间四个控制点

⑦ 继续用缩放控制点的方法调整控制点的位置，使靠垫边缘的控制点产生一定的弧度，如图 4-34 所示。

图 4-34 调整边缘的控制点

⑧ 将本书电子教学资源包上"场景"文件夹中的文件"场景 4-1.max"中的沙发模型合并到当前场景中，并调整靠垫的位置和角度，使其斜放在沙发上。

4.2 任务 9：心形——使用"编辑网格"修改器

4.2.1 预备知识 1：三维模型的子对象

除了可以对整个三维模型应用编辑修改器之外，还可以对构成三维模型的顶点、面、元素等子对象进行编辑操作。三维模型的子对象包括 5 个层级，即顶点、边、面、多边形和元素，如图 4-35 所示。通过对子对象的编辑操作，可以制作出非常复杂的三维造型。

图 4-35　三维模型的子对象

3ds Max 2012 提供了不少能够访问子对象的修改工具，"编辑网格"即是一种功能强大的子对象修改工具。

在"修改"命令面板中对三维模型应用了"编辑网格"修改器后，可以在"选择"卷展栏中找到编辑子对象的 5 个按钮，如图 4-36 所示。单击其中一个按钮后，即可对该子对象进行选择和编辑操作，如在视图中可以移动、缩放、旋转子对象。也可以在修改器堆栈列表中，单击"编辑网格"前面的"+"，这时 5 种子对象名称会出现在展开的分支中。

图 4-36　"编辑网格"修改器

4.2.2　预备知识 2：软选择

选择三维模型子对象的方法与前面第 3 章介绍的选择二维图形子对象的方法相同，在子对象的编辑层级下，可单击任何子对象将其选中。按住 Ctrl 键的同时单击子对象可以增加选择，按住 Alt 键的同时单击子对象可以减少选择。

所有能够访问子对象的编辑工具中，都有一个"软选择"卷展栏，利用该卷展栏的有关参数，可以对当前所选子对象进行移动、旋转和缩放等操作，影响到其周围未被选中的子对象。

如图 4-37 所示，在"软选择"卷展栏中勾选"使用软选择"复选框后，即可激活该卷展栏中的参数。其中，"衰减"值越大，则所选子对象周围受影响的范围就越大。

如图 4-38 所示是启用软选择之前选择并向上移动一个顶点的效果。由图 4-38 可以看出，对该顶点的移动操作没有影响到周围的其他顶点。

图 4-37　"软选择"卷展栏　　　　　　图 4-38　没有启用软选择的效果

如图 4-39 所示是启用了软选择之后，再选择并移动一个顶点的效果。

图 4-39　启用了软选择的效果

4.2.3　任务实施

任务目标

（1）掌握"编辑网格"修改器的使用方法。
（2）能够通过编辑三维模型的子对象来进行模型的造型操作。
（3）掌握"对称"修改器和"网格平滑"修改器的应用。

任务描述

本任务将使用 3ds Max 2012 提供的子对象修改工具"编辑网格"修改器，制作一个心形模型，如图 4-40 所示。具体效果请参见本书电子教学资源包上"任务相关文档"文件夹中的文件"任务 9.max"。

图 4-40　心形

制作思路

（1）先创建一个多分段的长方体，再对长方体使用"编辑网格"修改器，通过调整长方体的顶点，将长方体调整成一半心形的形状。

（2）通过"对称"修改器生成心形的另一半。

（3）使用"网格平滑"修改器来平滑模型。

操作步骤 ▷▷▷▷▷▷▷ START

1．制作半个心形

（1）启动 3ds Max 2012 后，打开"创建/几何体/标准基本体"命令面板。使用"长方体"命令在前视图中创建一个长方体，设置长度分段为 4，宽度分段为 2，如图 4-41 所示。

图 4-41　创建长方体

（2）对长方体应用编辑网格修改器。确认长方体为选定状态，打开"修改"命令面板，选择"编辑网格"修改器后，在"选择"卷展栏中单击 ▦ 按钮或单击快捷键 1 ，进入"顶点"子对象编辑层级。

（3）首先在前视图中拖选第一排中间的一组顶点，然后单击工具栏中的 ✛ 按钮，将所选顶点适当向上移动，如图 4-42 所示。

图 4-42　移动所选顶点

（4）继续使用移动顶点的方法，如图 4-43 所示，在前视图中将长方体调整成一半心形的形状。

图 4-43 一半心形

（5）首先在前视图中选择最左列中间的 3 组顶点，然后启用软选择并适当增大"衰减"值，最后单击工具栏中的 按钮，在顶视图中沿 Y 轴将所选顶点适当放大，从而产生心形中间厚的效果，如图 4-44 所示。

图 4-44 产生心形中间的厚度

（6）在前视图中拖选心形外围的 9 组顶点，然后单击工具栏中的 按钮，在顶视图中沿 Y 轴将所选顶点缩小，以形成心形较薄的边沿。最后完成的一半心形如图 4-45 所示。

图 4-45 一半心形

2. 生成心形的另一半

（1）确认一半心形被选定，在命令面板的修改器列表中选择"对称"修改器，这时从视图中可以看到另一半心形生成了。

（2）首先在修改器堆栈中单击"对称"前面的"+"，然后选择下面的"镜像"。最后，在前视图中沿 X 轴向左移动镜像体，即可得到一个完整的心形，如图 4-46 所示。

图 4-46　使用"对称"修改器生成心形的另一半

提示

使用"对称"修改器后，如果对生成的心形形状不满意，那么可以随时在修改器堆栈中，回到"编辑网格"修改器的子对象层级，通过调整顶点的位置来修正心形形状。

3. 平滑模型

确定心形被选定后，在"修改器列表"中选择"网格平滑"，并在"细分量"卷展栏中设置"迭代次数"为 2。从视图中可以看出，心形变平滑了。

提示

使用"网格平滑"修改器可以平滑网格模型，从而使三维模型变得更加精细。"网格平滑"修改器的"迭代次数"参数值越大，平滑效果越好。但值得注意的是，不能将"迭代次数"的值设置得太大，否则会因模型复杂度的迅速增大而影响系统的运行速度。

4.2.4　知识拓展：可编辑网格和可编辑多边形

除了可以通过对模型应用"编辑网格"修改器来访问子对象外，还可以将模型直接转换为"可编辑网格"或"可编辑多边形"。方法是在模型处单击鼠标右键，再在弹出的快捷菜单中选择"转换为:/ 转换为可编辑网格"，或"转换为:/ 转换为可编辑多边形"。

"可编辑网格"与"编辑网格"修改器提供的功能相同，而"可编辑多边形"则可以使用四边或者更多边的多边形，并且提供了更多更灵活的编辑功能。

4.3　本章快捷键汇总

功　　能	快　捷　键
可编辑网格的顶点层级	1
可编辑网格的边层级	2
可编辑网格的面层级	3
可编辑网格的多边形层级	4
可编辑网格的元素层级	5
删除所选对象	Delete

4.4 拓展训练

4.4.1 水桶建模

训练内容

参照本书电子教学资源包上"拓展训练"文件夹中的文件"实训 4-1.max",制作一个水桶,如图 4-47 所示。

图 4-47 水桶

训练重点

（1）将对象转换为可编辑网格,并编辑子对象。

（2）"壳"修改器的应用。

操作提示

（1）启动 3ds Max 2012 后,使用"自定义/单位设置"菜单,在"单位设置"对话框中,将场景单位设置为"厘米"。

（2）使用"创建/几何体"命令面板中的"圆锥体"命令,在顶视图中创建一个圆锥体,设置半径 1 和半径 2 分别为 20cm 和 25cm,高度为 50cm,高度分段为 12,如图 4-48 所示。

图 4-48 创建圆锥体

（3）在圆锥体处单击鼠标右键,再在弹出的快捷菜单中选择"转换为:/ 转换为可编辑网格"。

（4）在命令面板的"选择"卷展栏中,单击 ■ 按钮或单击快捷键 4,进入可编辑网格的"面"层级。按住 Ctrl 键,在前视图中拖选出如图 4-49 所示的两组多边形。

图 4-49   选择圆锥体上的多边形

（5）单击 Delete 键删除所选的多边形，其效果如图 4-50 所示。

图 4-50   删除所选多边形后的效果

（6）继续拖选出如图 4-51 所示的多边形，再单击 Delete 键删除，其效果如图 4-52 所示。一个水桶的初始造型就呈现出来了。

图 4-51   选择多边形

图 4-52   删除多边形

（7）应用"壳"修改器。在修改器堆栈中单击"可编辑网格"，结束子对象的编辑状态。在修改器列表中，选择"壳"，这时从视图中可以看出，水桶增加了厚度。通过调整命令面板中的"内部量"或"外部量"参数，可以调整水桶的厚度，如图 4-53 所示。

图 4-53 应用"壳"修改器后的效果

4.4.2 足球建模

训练内容

参照本书电子教学资源包上"拓展训练"文件夹中的文件"实训 4-2.max",制作一个足球模型,其渲染效果如图 4-54 所示。

图 4-54 足球

训练重点

(1)使用"编辑网格"修改器编辑三维模型的子对象。

(2)修改器堆栈的应用。

操作提示

(1)制作足球初始造型。启动 3ds Max 2012 后,打开"创建/几何体/扩展基本体"命令面板,使用"异面体"命令,在顶视图中创建一个异面体。在"参数"卷展栏中,设置"系列"为"十二面体/二十面体",在"系列参数"栏中,设置"P"值为 0.35,"半径"为 13cm,其效果如图 4-55 所示。

图 4-55 足球初始造型

（2）编辑异面体。确认异面体为选定状态，打开"修改"命令面板，选择"编辑网格"修改器后，在"选择"卷展栏中单击 按钮或单击快捷键4，进入"多边形"子对象编辑层级。

（3）在视图中拖选整个异面体，使异面体上的所有多边形均呈红色显示。

（4）在"编辑几何体"卷展栏中，单击"炸开"按钮下面的"元素"，然后再单击"炸开"按钮，使所选的全部多边形炸开成一个个独立的元素。

（5）在"编辑几何体"卷展栏中，单击"倒角"按钮并在异面体上拖动鼠标，形成如图 4-56 所示的倒角效果。

图 4-56　所选多边形的倒角效果

（6）平滑模型。在命令面板的修改器堆栈中，单击"编辑网格"，结束子对象的编辑状态。在"修改器列表"中，选择"网格平滑"修改器；在"细分方法"下拉列表中选择"经典"；在"细分量"卷展栏中，将"迭代次数"参数的值设置为2；在"参数"卷展栏中，将"强度"设置为0.3，其效果如图 4-57 所示。

图 4-57　平滑效果

（7）将模型球形化。确定足球模型为选定状态，在"修改"命令面板的"修改器列表"中，选择"球形化"修改器。设置"百分比"为90，其效果如图 4-58 所示。

图 4-58　球形化的效果

至此，一个足球模型就制作完成了。在后面的第 5 章中，学习完材质编辑后，就知道如何为足球指定黑白两种不同的颜色了。

 # 习题与实训 4

一、填空题

（1）三维模型的编辑修改应在＿＿＿＿＿＿＿＿＿＿＿＿＿＿＿命令面板中进行。

（2）"修改"命令面板主要由＿＿＿＿＿、＿＿＿＿＿＿＿、＿＿＿＿＿和＿＿＿＿＿＿4 个部分组成。

（3）列出 6 种常用的修改器：＿＿＿＿＿、＿＿＿＿＿＿＿、＿＿＿＿＿＿、＿＿＿＿＿＿、＿＿＿＿＿＿＿、＿＿＿＿＿＿。

（4）"弯曲"修改器的作用是＿＿＿＿＿＿＿＿＿＿＿＿＿＿＿＿＿。

（5）"噪波"修改器的作用是＿＿＿＿＿＿＿＿＿＿＿＿＿＿＿＿＿。

（6）如果想平滑一个模型，则可对该模型应用＿＿＿＿＿＿＿＿修改器。

（7）在修改器堆栈列表中，位于堆栈底部的命令是＿＿＿＿＿＿＿＿＿＿＿。

（8）位于修改器堆栈下方的 [图标] 按钮的作用是＿＿＿＿＿＿＿＿＿＿。

（9）三维模型有 5 个子对象层级，即＿＿＿＿＿＿＿＿、＿＿＿＿＿＿＿＿＿、＿＿＿＿＿＿＿、＿＿＿＿＿＿＿、＿＿＿＿＿＿＿。

二、简答题

（1）可以对一个模型使用多个修改器吗？

（2）修改器堆栈的作用是什么？

（3）如何用"编辑网格"修改器来编辑三维模型的顶点、边或面？

（4）使用"弯曲"修改器弯曲一个模型时，影响弯曲平滑程度的因素是什么？

三、上机操作

参照图 4-59，使用"噪波"修改器制作红旗飘扬的动画（动画效果可参见本书电子教学资源包上"拓展训练"文件夹中的文件"实训 4-3.max"和"实训 4-3.avi"）。

图 4-59　飘扬的红旗

第 5 章

材质和贴图

内容导读

在前面的几章中，我们学会了建模的基本方法。不过，要使一个物体呈现出逼真的视觉效果，除了建模之外，还需要为其指定材质。

材质用来描述对象如何反射或透射光线，材质中的贴图可以模拟模型表面的纹理图案、反射、折射和其他效果。通过为模型赋予材质，可以增加模型的细节，增强模型的质感。3ds Max 为材质制作设置了大量的参数，材质及贴图的创建和编辑均在"材质编辑器"中进行。

本章重点介绍利用 3ds Max 2012 的材质和贴图编辑功能，使模型具有色彩、纹理、光亮、反射、折射、透明、表面粗糙等逼真的质感。本章将通过几个实例，具体介绍材质编辑器的功能和基本使用方法。

知识和技能	学 习 要 求	
	了　解	掌　握
材质编辑器的使用		●
材质类型	●	
贴图类型	●	
基本材质的制作		●
贴图材质的制作		●
复合材质的种类和特点	●	
复合材质的制作		●

5.1 **任务** 10：彩色陶瓷和平板玻璃材质——材质基本参数

5.1.1 预备知识：材质编辑器

"材质编辑器"是用于创建、改变和应用场景中材质的对话框。有以下 3 种方法可以打开材质编辑器：

（1）单击工具栏中的"材质编辑器"按钮 ，即可打开材质编辑器。

（2）选择"渲染/材质编辑器"菜单，即可打开材质编辑器。

（3）单击快捷键 M 可快速打开材质编辑器。

3ds Max 2012 提供了两种材质编辑器界面，即精简材质编辑器和 Slate 材质编辑器，通过材质编辑器的"模式"菜单可选择其中一种。精简材质编辑器的对话框比 Slate 材质编辑器小，精简材质编辑器通过示例窗的方式提供了各种材质的快速预览。Slate 材质编辑器在设计和编辑材质时，以图形方式显示材质的结构（称为"材质树"），而材质和贴图则是材质树中可以关联在一起的节点。

本章主要介绍精简材质编辑器的使用，如图 5-1 所示，其中主要包含了菜单栏、示例窗、垂直工具栏、水平工具栏和参数卷展栏等几个部分。

图 5-1 材质编辑器

1. 菜单栏

菜单栏位于材质编辑器窗口的顶部，它提供了另一种调用各种材质编辑器工具的方式，其中的命令与材质编辑器工具栏中的各个工具按钮是对应的。

2. 示例窗

使用示例窗可以保持及预览材质和贴图。以下是有关示例窗的常用操作：

（1）将示例窗中的材质赋予场景中的对象。最简单的方法是直接将材质从示例窗拖动到视图中的对象上。

（2）放大示例窗。放大示例窗可以使材质的预览更加方便，要做到这点，可以双击示例窗，这样示例窗就单独显示在一个独立的可以任意缩放的窗口中。

（3）改变示例的形状。在默认状态下示例显示为球体，使用垂直工具栏中的"采样类型"按钮，还可将示例设置为圆柱体或长方体。

（4）设置示例窗的显示数目。材质编辑器有 24 个示例窗，使用垂直工具栏中的"选项"按钮，可在弹出的"材质编辑器选项"对话框中设置示例窗的显示数目为 6 个、15 个或 24 个。

（5）热材质和冷材质。当示例窗中的材质指定给场景中的一个或多个对象时，示例窗中的材质是"热材质"，这时如果调整示例窗材质，则场景中的材质也会同时更改。反之，如果示例窗中的材质没有指定给场景中的任何对象，则该示例窗中的材质是"冷材质"。示例窗的 4 个拐角标志可表明该材质是热材质还是冷材质，如图 5-2 所示。

图 5-2　热材质和冷材质标志

白色空心三角形　表示该材质是热材质，即该材质已经指定给了场景中的一个或多个对象。

白色实心三角形　表示该材质不仅是热材质，而且已经应用到当前选定的对象上。

没有三角形　场景中没有使用该材质。

3. 垂直工具栏

垂直工具栏位于示例窗右侧，其中常用的工具按钮介绍如下。

采样类型　该弹出按钮可以选择要显示在活动示例窗中的几何体。此弹出按钮有三个按钮可选：球体、圆柱体和立方体。

背光　将背光添加到活动示例窗中。默认情况下，此按钮处于启用状态。

背景　启用该按钮可将彩色方格背景添加到活动示例窗中。通常用于查看不透明度和透明度的材质效果。

采样 UV 平铺　可设置活动示例窗中样本球上贴图图案的重复数量，可选择 1×1、2×2、3×3、4×4 四种方式。

视频颜色检查　用于检查示例窗中的材质颜色是否超出 NTSC 或 PAL 制式的颜色范围。

生成预览　用于预览材质的动画效果。

选项 单击此按钮可打开"材质编辑器选项"对话框,可在该对话框中设置如何在示例窗中显示材质和贴图。

材质/贴图导航器 单击此按钮可打开"材质/贴图导航器"对话框,可以通过材质中贴图的层次或复合材质中子材质的层次快速导航。

4．水平工具栏

水平工具栏位于示例窗的下面,其中常用的工具按钮介绍如下。

获取材质 单击该按钮可打开"材质/贴图浏览器"对话框,利用它可以选择材质或贴图。

将材质放入场景 在编辑材质之后,将更新过的材质放入场景中。

将材质指定给选定对象 可将活动示例窗中的材质应用于场景中当前选定的对象。同时,示例窗中的材质将成为热材质。

重置贴图/材质为默认设置 重置活动示例窗中的贴图或材质的值。移除材质颜色并设置灰色阴影。将光泽度、不透明度等重置为其默认值,并移除指定给材质的贴图。

生成材质副本 生成活动示例窗中的材质副本,使示例窗中的材质不再是热材质,但该材质仍然保持其属性和名称。

放入库 可以将选定的材质添加到当前库中。单击该按钮后将显示"入库"对话框,可在对话框中设置材质的名称。

视口中显示明暗处理材质 单击该按钮可以在视图中显示对象表面的贴图材质。

转到父对象 使用该按钮可以在当前材质中向上移动一个层级。只有在当前材质不为复合材质的顶级时,该按钮才可使用。

5．参数卷展栏

材质编辑器中的参数卷展栏,其个数及具体内容会随着所选材质类型的不同而发生变化。

5.1.2 任务实施

任务目标

（1）认识材质编辑器的功能,掌握材质编辑器的基本使用方法。
（2）能够编辑和制作各种基本材质。
（3）掌握给物体指定材质的方法。
（4）掌握镜面反射材质的制作方法。

任务描述

在前面第 3 章的任务 6 中曾制作过一个花瓶模型,本任务通过设置材质的颜色、反射高光等基本参数,为这个花瓶赋上色彩,并使其具有陶瓷质感。此外,再通过设置材质的不透明度和镜面反射效果,给桌布上的玻璃板指定相应的材质。具体效果请参见本书电子教学资源包上"任务相关文档"文件夹中的文件"任务 10.max",场景指定材质前后的渲染效果如图 5-3 所示。

（a）渲染前 （b）渲染后

图 5-3 陶瓷花瓶和玻璃板的材质效果

 制作思路

（1）彩色陶瓷材质的色彩可以通过在材质编辑器中设置漫反射颜色来实现，而陶瓷质感的一个重要特色是具有光亮的表面，这可以通过在材质编辑器中设置反射高光来实现。

（2）玻璃板的透明效果通过设置材质的不透明度实现，而玻璃的镜面反射效果则通过反射贴图实现。

操作步骤 ⟩⟩⟩⟩⟩⟩ **START**

1．设置桌布的颜色

（1）启动 3ds Max 2012 之后，打开本书电子教学资源包上"场景"文件夹中的文件"场景5-1.max"，该场景如图 5-4 所示。

图 5-4 "场景 5-1.max"文件提供的场景

（2）首先在任意视图中单击选择桌布，然后单击工具栏中的 ⬚ 按钮或直接单击快捷键 M键，打开材质编辑器。

（3）设置颜色。单击选择材质编辑器的第二个示例球，在"Blinn 基本参数"卷展栏中，单击"漫反射"右边的颜色块，弹出"颜色选择器"对话框，如图 5-5 所示。

图 5-5 "颜色选择器"对话框

（4）把光标移到调色板内的绿色区域，单击鼠标左键后，可以看到当前示例窗口中的示例球变成了绿色。再向上拖动"白度"颜色条右边的三角形滑块到最顶部，这时当前示例窗口中示例球的绿色加深了。最后单击"确定"按钮关闭"颜色选择器"对话框。

🔊 提示

在"颜色选择器"对话框中设置颜色时，除了可以在调色板中直观地选择颜色之外，还可以在红、绿、蓝右边的数值框中输入颜色值来精确地设置颜色。

（5）单击材质编辑器水平工具栏中的 🖼 按钮，将当前示例球的材质指定给场景中选定的桌布。从 Camera001 视图中可以看到桌布变成了与当前示例球相同的绿色。

2．制作陶瓷花瓶的材质

（1）在任意视图中单击选择花瓶，然后单击选择材质编辑器的第三个示例球，再单击材质编辑器水平工具栏中的 🖼 按钮，将当前示例球的材质指定给选定的花瓶。

（2）调整材质参数。在材质编辑器的"Blinn 基本参数"卷展栏中，将"漫反射"颜色设置为黄色。

（3）设置反射高光。在"Blinn 基本参数"卷展栏中，将"高光级别"的值设置为 90，"光泽度"的值设置为 70。这时，可以看到当前示例球变得光亮了，示例球上出现两个清晰的高光点。渲染 Camera001 视图，其效果如图 5-6 所示。

图 5-6　设置了高光级别和光泽度后的花瓶效果

3．制作玻璃板的材质

（1）在视图中选择桌布上面的长方体，然后在材质编辑器中选择第四个示例球。单击水平工具栏中的 🖼 按钮，将当前示例球的材质指定给长方体。

（2）设置玻璃的颜色和光泽度。在材质编辑器的"Blinn 基本参数"卷展栏中，将漫反射颜色设置为白色。将"高光级别"的值设置为 90，"光泽度"的值设置为 80。

（3）设置玻璃的透明效果。在"Blinn 基本参数"卷展栏中，将"不透明度"设置为 15。为了便于在示例窗中观察材质的透明效果，可单击材质编辑器垂直工具栏中的 🔲 按钮，使示例窗内显示出彩色的方格背景。最后在"明暗器基本参数"卷展栏中勾选"双面"复选框。渲染 Camera001 视图，可以看出桌布上的玻璃呈现出了透明效果。

🔊 提示

制作透明材质（如玻璃类材质和线框类材质）时，通常应该在"明暗器基本参数"卷展栏中勾选"双面"复选框。

（4）设置玻璃的镜面反射效果。在材质编辑器的"贴图"卷展栏中，单击"反射"右边的 None 按钮，在弹出的"材质／贴图浏览器"中双击"平面镜"按钮，然后在"平面镜参数"卷展栏中，勾选"应用于带 ID 的面"复选框。渲染 Camera001 视图，其效果如图 5-7 所示。

（5）单击水平工具栏中的 ▓ 按钮，返回上一编辑层。在"贴图"卷展栏中，将反射数量设置为 50。再次渲染 Camera001 视图，可以看出玻璃的反射强度降低了，如图 5-8 所示。

图 5-7　玻璃的反射效果（一）

图 5-8　玻璃的反射效果（二）

提示

将材质编辑器示例球的材质指定给场景中的模型后，透视图可以显示出材质的大致效果，但不能显示材质的一些细微特征，如一些贴图效果和反射效果等。只有在渲染之后，通过渲染图观察到所有的材质细节。

5.1.3　知识拓展 1："明暗器基本参数"卷展栏

材质编辑器中有两个基本参数卷展栏，即"明暗器基本参数"卷展栏和"Blinn 基本参数"卷展栏。其中，"明暗器基本参数"卷展栏主要用于设置明暗器类型以及材质的表现方式，如图 5-9 所示。

图 5-9　"明暗器基本参数"卷展栏

提示

明暗器是一种计算表面渲染的算法，每种明暗器都有自身的渲染特性。某些明暗器是按其执行的功能命名的，如金属明暗器，另一些明暗器则是以开发人员的名字命名，如 Blinn 明暗器等。3ds Max 的默认明暗器是 Blinn 明暗器。

1. 明暗器类型

明暗器下拉列表中提供了 8 种不同的明暗器类型。

各向异性　可创建拉伸并成角的高光，而不是标准的圆形高光。适合于表现具有高反差的物体表面。

Blinn　系统默认的明暗器类型，一般用于控制平滑物体的高光和阴影，它可以产生柔和的圆形高光，适合于创建质地柔和的物体材质。

金属　可以用来模拟逼真的金属表面。

多层 可以设置两个高光和阴影，每个高光可以有不同的颜色、形状和亮度。

Oren-Nayar-Blinn 用于控制材质的粗糙程度，形成粗糙的表面材质，一般用于模拟布料材质。

Phong 与 Blinn 明暗器较为接近，可用于模拟具有塑料质感的材质。

Strauss 也是一种可以产生类似于金属的材质模式，但它比金属明暗器更灵活，更具可调性。

半透明明暗器 与 Blinn 模式类似，但它可以制定透明度，使光线可以从物体中穿过，并在物体内部产生光线散射效果，可以用来制作类似冰雕和蚀刻玻璃的物体材质。

2. 4 种特殊效果

（1）线框

勾选"线框"复选框后，将以线框的形式来渲染模型，如图 5-10 所示。在材质编辑器的"扩展参数"卷展栏中，"线框"栏的"大小"参数可设置线框的粗细。

（2）双面

勾选"双面"复选框后，材质内外两面都被赋予材质。例如，一个没有加盖的茶壶，如果想看到其内侧的一面，就必须为其指定双面材质，如图 5-11 所示。

图 5-10 线框材质效果

图 5-11 双面材质效果（一）

如图 5-12 所示，则是线框材质的双面效果。

图 5-12 双面材质效果（二）

（3）面贴图

为模型的每个面都赋予贴图，如图 5-13 所示。只有当模型被指定了贴图材质之后，勾选"面贴图"复选框才有效，常用于给粒子系统贴图。

（4）面状

以面的方式渲染模型，材质将变成不光滑的面，如图 5-14 所示。

图 5-13　面贴图材质效果

图 5-14　面状材质效果

5.1.4　知识拓展 2："Blinn 基本参数"卷展栏

在"Blinn 基本参数"卷展栏中，可以设置颜色、反射高光、自发光、透明等基本材质参数。

1. 颜色

"Blinn 基本参数"卷展栏中，有关材质颜色的参数有 3 项，如图 5-15 所示。

图 5-15　材质的颜色参数

环境光　代表环境光的颜色，它是样本材质特有的、从四周射向材质样本的泛光源。环境光决定材质阴暗部的颜色，单击环境光右边的颜色块可以改变环境光的颜色。

漫反射　代表漫反射光的颜色。漫反射的颜色反映材质本身的颜色。单击漫反射右边的颜色块可以设置漫反射光的颜色，而单击颜色块右边的空白方块按钮则可指定漫反射贴图。

高光反射　代表高光颜色，即材质在光源照射下所产生的高光区的颜色。同样，单击高光反射右边的颜色块可以设置高光的颜色，而单击颜色块右边的空白方块按钮则可指定高光贴图。

🔊 提示

在 3 个颜色参数的左边有两个 ▣ 按钮，用于锁定环境光和漫反射，以及漫反射和高光反射。当该按钮处于黄色开启状态时，被锁定的两种颜色参数会保持相同的颜色。

2. 反射高光

材质的反射高光可以表现材质表面的光亮程度，如土石材质的高光度就远远小于金属材质的高光度。

材质编辑器的"Blinn 基本参数"卷展栏中,"反射高光"栏提供了高光参数的设置,如图 5-16 所示。

高光级别　设置高光的强度。该参数值越大,材质的反光效果就越强烈,高光曲线也就越高。当高光级别的值为 0 时,高光曲线为一条水平直线,这时材质没有反光效果。

如图 5-17 所示是 3 种不同高光级别值的效果对比。

图 5-16　反射高光参数和高光曲线

（a）高光级别=0　　（b）高光级别=40　　（c）高光级别=90

图 5-17　不同高光级别的对比

光泽度　用于设置高光的范围。该参数值的大小与高光区大小成反比,光泽度值越大,高光区就越小,这时高光曲线就越尖锐。

如图 5-18 所示是高光级别值为 60 时,3 种不同光泽度值的效果对比。

（a）光泽度=10　　　（b）光泽度=30　　　（c）光泽度=70

图 5-18　不同光泽度的对比

柔化　用于设置高光区与非高光区的渐变过渡,柔化的值越大,渐变就越慢,高光区与非高光区的边界就越柔和。柔化的最大值为 1。

3. 自发光

材质编辑器"Blinn 基本参数"卷展栏中的"自发光"参数用于设置材质的自发光效果。被赋予了自发光材质的物体,在没有任何光源的场景中也能被看见。自发光材质通常用来指定给作为光源的物体,如月亮、车灯和霓虹灯,等等。

"自发光"参数的取值范围为 0~100,当自发光的值为 0 时,材质不发光,而当自发光的值为 100 时,材质的自发光强度为最大,这时被赋予了自发光材质的物体,其表面的阴影将完全消失。如图 5-19 所示是 3 种不同自发光强度的对比。

（a）自发光=0　　　（b）自发光=50　　　（c）自发光=100

图 5-19　不同自发光强度的对比

4. 透明

材质编辑器的"Blinn 基本参数"卷展栏中还有一个"不透明度"参数,可以制作出类似玻璃的透明材质。

参数的默认值为 100，这时材质不透明。把不透明度设置为小于 100 的值时，材质就会产生透明效果，不透明度的值越小，材质就越透明。当不透明度的值为 0 时，材质完全透明，此时除了高光区可见外，材质的其他部分将会不可见。

在材质编辑器的示例窗口中设置透明材质时，为了观察到示例球的透明效果，通常单击示例球列表右侧工具栏中的"背景"按钮 ，使当前示例窗口显示出彩色方格背景。如图 5-20 所示是 3 种不同"不透明度"参数值的效果对比。

（a）不透明度=100　　　（b）不透明度=80　　　（c）不透明度=40

图 5-20　不同透明效果的对比

5.2　任务 11：印花布和青花瓷材质——漫反射贴图

5.2.1　预备知识：贴图材质

贴图材质是指被赋予了图像的材质，利用贴图材质，可以模拟现实世界中物体表面的纹理图案，如木纹、大理石花纹、砖墙和各种装饰图案等。很多情况下，为了使材质更加逼真、更加生动，不仅要考虑材质的基本属性，如颜色、反光度和透明度等，还要考虑材质表面所呈现出的图像效果。

3ds Max 将贴图分为 2D 贴图、3D 贴图、合成器、颜色修改器等类型，不同类型的贴图产生不同的效果。

1．2D 贴图

2D 贴图是二维图像，通常贴图到几何对象的表面，或用作环境贴图来为场景创建背景。最简单的 2D 贴图是位图，其他种类的 2D 贴图则是由程序生成的，包括：Combustion 贴图、Substance 贴图、渐变贴图、渐变坡度贴图、每像素摄影机贴图、棋盘格贴图、平铺贴图和漩涡贴图，等等。

下面介绍几种常用的 2D 贴图。

（1）Combustion 贴图。与 Autodesk Combustion 产品配合使用，可以在位图或对象上直接绘制并且在"材质编辑器"和视图中看到效果的更新。

（2）Substance 贴图。Substance 贴图提供了一个参数化纹理的库，使用 Substance 贴图可以获得各种类型的材质。Substance 贴图的优点是它提供的 2D 纹理占用的内存和磁盘空间非常小。

（3）渐变贴图。创建三种颜色的线性或径向坡度，如图 5-21 所示为使用渐变贴图的效果。

（4）渐变坡度贴图。与渐变贴图相似，但渐变坡度贴图可以为渐变指定任何数量的颜色或贴图，如图 5-22 所示为使用渐变坡度贴图的效果。

（5）每像素摄影机贴图。每像素摄影机贴图可以从指定的摄影机方向投射贴图，常用于场景渲染。

（6）平铺贴图。使用颜色或材质贴图创建砖或其他平铺材质。如图 5-23 所示为使用平铺贴图创建的砖的效果图。

（7）棋盘格贴图。棋盘格图案由两种颜色组合，也可以通过贴图替换颜色。如图 5-24 所示为使用棋盘格贴图的效果图。

（8）位图贴图。3ds Max 支持的任何图形（或动画）文件类型均可用作材质中的位图，如.jpg、tga、bmp 等。如图 5-25 所示为使用位图贴图产生的木纹地板和墙纸效果。

（9）漩涡贴图。创建两种颜色或贴图组成的漩涡（螺旋）图案，如图 5-26 所示为使用漩涡贴图的效果。

（a）线性　　　　　　　　　　　　　（b）径向

图 5-21　渐变贴图

图 5-22　渐变坡度贴图

图 5-23　平铺贴图

图 5-24　棋盘格贴图　　　　　　　　图 5-25　位图贴图

图 5-26　漩涡贴图

2. 3D 贴图

3D 贴图是由程序以三维形式生成的图案，能够根据对象的几何特性紧贴对象。3ds Max 2012 提供的 3D 贴图包括凹痕贴图、斑点贴图、大理石贴图、衰减贴图、木材贴图、细胞贴图、噪波贴图，等等。

下面仅介绍几种较常用的 3D 贴图。

（1）凹痕贴图。凹痕贴图主要用于实现凹凸效果，如图 5-27 所示。用作凹凸贴图时，可在对象表面产生三维的凹痕效果。可以通过编辑参数来控制凹痕的大小、深度和凹痕效果的复杂程度。

（2）斑点贴图。斑点贴图生成带斑点的图案，常用于创建类似花岗岩表面的材质。如图 5-28 所示为使用斑点贴图的效果。

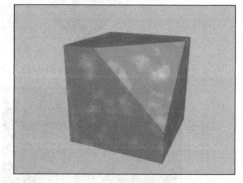

图 5-27　凹痕贴图　　　　　　　　　　图 5-28　斑点贴图

（3）大理石贴图。使用两个显式颜色和第三个中间色模拟大理石的纹理。如图 5-29 所示为使用大理石贴图的效果。

（4）木材贴图。将两种颜色进行混合使其形成木材的纹理图案，可以控制木纹的方向、粗细和复杂度。图 5-30 是使用木材贴图的效果。

（5）噪波贴图。噪波图贴图是三维形式的湍流图案。噪波基于两种颜色，每一种颜色都可以设置贴图，从而在对象表面产生随机的不规则图案。噪波贴图也常用于实现凹凸效果，如图 5-31 所示。

图 5-29　大理石贴图

图 5-30　木材贴图

图 5-31　噪波贴图

3．合成器

合成器专用于合成其他颜色或贴图。使用合成器贴图可以将两个或多个图像叠加以将其组合。3ds Max 2012 提供了 4 种合成器贴图，即 RGB 倍增、合成、混合、遮罩。

（1）RGB 倍增。通过将 RGB 值相乘组合两个贴图。

（2）合成。通过图像的 Alpha 通道将多个贴图进行叠加。

（3）混合。将两种颜色或贴图任意混合在一起，通过设置混合量来控制其混合的程度。

（4）遮罩。通过一种材质查看另一种材质。默认情况下，白色的遮罩区域为不透明，显示贴图；黑色的遮罩区域为透明，显示基本材质。

4．颜色修改器

颜色修改器贴图可以改变材质中像素的颜色。3ds Max 2012 提供了 4 种颜色修改器贴图，即 RGB 染色、顶点颜色、输出、颜色修正。它们使用不同的方法来修改像素颜色。

5.2.2　任务实施

任务目标

（1）理解贴图材质的特点，能够编辑和制作漫反射贴图材质。

（2）能熟练调整贴图坐标。

任务描述

本任务将为场景文件中的桌布和花瓶指定贴图材质，使其成为印花桌布和青花瓷花瓶，具体效果请参见本书电子教学资源包上"任务相关文档"文件夹中的文件"任务 11.max"，其渲染效果如图 5-32 所示。

通过本任务的操作，介绍最基本的贴图——漫反射贴图的设置方法，以及设置和调整贴图坐标的方法。

图 5-32　印花桌布和青花瓷花瓶

制作思路

（1）准备一幅自己喜欢的有布料花纹的图片，然后对桌布应用漫反射贴图。青花瓷材质同样可以通过漫反射贴图来实现，并通过材质基本参数的设置来形成光亮的陶瓷质感。

（2）为了使贴图图案能较好地"包裹"在桌布和花瓶上，还要调整模型的贴图坐标。

操作步骤　　　　　　　　　　　　>>>>>> **START**

1．制作印花布材质

（1）启动 3ds Max 2012 之后，打开本书电子教学资源包上"场景"文件夹中的"场景 5-2.max"文件，其中提供了一个桌布和花瓶模型。

（2）首先在视图中选择桌布，然后单击工具栏中的 🧊 按钮或单击快捷键 M，打开材质编辑器选择第二个示例球。

（3）在"Blinn 基本参数"卷展栏中，单击漫反射右边的空白方块按钮，打开"材质/贴图浏览器"对话框，如图 5-33 所示。

（4）在"材质/贴图浏览器"对话框中，双击"位图"图标，弹出"文件选择"对话框。选择本书电子教学资源包上的文件"任务相关文档\素材\布料.jpg"，最后单击"打开"按钮。这时，示例窗口的第二个示例球上即出现了图形文件"布料.jpg"中的图案。

（5）将贴图材质指定给桌布。单击材质编辑器水平工具栏中的 🧊 按钮，将当前示例球的材质指定给场景中选定的桌布。这时 Camera001 视图中的桌面只改变了颜色，而没有显示出布料图案。单击材质编辑器水平工具栏中的"视口中显示明暗处理材质"按钮 🔲 后，即可从 Camera001 视图中观察到桌布的贴图效果，其渲染效果如图 5-34 所示。

（6）调整布料材质的贴图坐标。在材质编辑器的"坐标"卷展栏中，将"瓷砖"下面的值设置为 2，如图 5-35 所示。

（7）再次渲染 Camera001 视图，其效果如图 5-36 所示。

从渲染效果中可以看出，桌布四周的图案发生了严重的变形。下面通过对桌布应用 UVW 贴图修改器，进一步调整桌布的贴图效果。

图 5-33　"材质/贴图浏览器"对话框

图 5-34　印花桌布效果（一）

图 5-35　调整布料材质的贴图坐标

图 5-36　印花桌布效果（二）

2．对桌布应用 UVW 贴图修改器

（1）关闭材质编辑器。确认桌布被选定，单击命令面板上方的　　按钮打开"修改"面板。在修改器列表中选择"UVW 贴图"修改器，其相关参数即出现在命令面板中。

（2）设置贴图 Gizmo 类型。在"参数"卷展栏的"贴图"栏中选择"长方体"，同时注意观察 Camera001 视图中桌布上图案的变化。渲染 Camera001 视图，可以看出桌布周围出现了布料的图案，但图案被压扁了。

（3）调整 UVW 修改器的 Gizmo。在修改器堆栈中，单击 UVW 贴图前面的"+"使之展开，再选择下面的 Gizmo。单击工具栏中的　　按钮，在前视图中将选中的 Gizmo 沿 Z 轴适当放大，其效果如图 5-37 所示。

3．制作青花瓷材质

（1）设置基本材质参数。在材质编辑器中单击选择第三个示例球，然后在"Blinn 基本参

数"卷展栏中，将"高光级别"设置为90，"光泽度"设置为60。

（2）指定漫反射贴图。在"Blinn 基本参数"卷展栏中，单击漫反射右边的空白方块按钮，再在弹出的材质/贴图浏览器中双击"位图"图标。最后在弹出的"文件选择"对话框中选择本书电子教学资源包上的文件"任务相关文档\素材\青花.jpg"，单击"打开"按钮后，第三个示例球上即出现了青花图案。

（3）将贴图材质指定给花瓶。在视图中选择花瓶，然后单击材质编辑器水平工具栏中的 [图] 按钮，将当前示例球的青花贴图材质指定给花瓶，同时单击材质编辑器水平工具栏中的 [图] 按钮，使视图中的花瓶上显示出贴图。从 Camera001 视图中可以看出青花图案位于花瓶的侧面，下面通过调整贴图坐标来改变青花图案在花瓶上的显示位置。

（4）调整贴图的显示位置。在材质编辑器的"坐标"卷展栏中，将"偏移"下面的"V"设置为-0.2，这时，从 Camera001 视图中可以看出青花图案移到了花瓶的前面，其渲染效果如图 5-38 所示。

图 5-37　印花桌布效果（三）

图 5-38　青花瓷效果（一）

从渲染效果中可以看出，瓶身上的青花图案有些变形，并且图案不够完整。下面通过对花瓶应用 UVW 贴图修改器，进一步调整花瓶的贴图效果。

4．对花瓶应用 UVW 贴图修改器

（1）关闭材质编辑器。确认花瓶被选定，单击命令面板上方的 [图] 按钮打开"修改"面板。在修改器列表中选择"UVW 贴图"修改器，其相关参数即出现在命令面板中。

（2）设置贴图 Gizmo 类型。在"参数"卷展栏的"贴图"栏中选择"柱形"，同时注意观察 Camera001 视图中花瓶上图案的变化。

（3）调整 UVW 修改器的 Gizmo。在修改器堆栈中，单击 UVW 贴图前面的"+"使之展开，再选择下面的 Gizmo。单击工具栏中的 [图] 按钮，在左视图中将选中的 Gizmo 绕 Z 轴逆时针旋转 90°，其效果如图 5-39 所示。

（4）缩放 Gizmo。单击工具栏中的 [图] 按钮，在顶视图中将 Gizmo 沿 X 轴适当缩小，使柱形的 Gizmo 正好包裹住花瓶。再在前视图中将 Gizmo 沿 Y 轴放大至花瓶的高度，其效果如图 5-40 所示。

（5）移动 Gizmo。单击工具栏中的 [图] 按钮，在前视图中沿 Y 轴将 Gizmo 上移，同时注意从 Camera001 视图中观察青花图案的位置变化，最后使图案能够完整地呈现在花瓶上，如图 5-41 所示。

（6）渲染 Camera001 视图，观察渲染效果。

图 5-39　旋转 Gizmo 的效果

图 5-40　缩放 Gizmo 的效果

图 5-41　移动 Gizmo 的效果

5.2.3　知识拓展：贴图坐标

贴图坐标决定了贴图在模型上的位置、方向和数量等放置方式，贴图坐标对最后的贴图效果有着较大的影响。3ds Max 中，贴图坐标采用的是 UVW 坐标系，其中，U、V 坐标轴分别代表了贴图的宽和高两个方向，它们的交点是旋转贴图的基点。W 坐标轴与 U、V 坐标平面垂直，并穿过 U、V 坐标轴的交点。

调整贴图坐标的常用方法有两种：一种是使用材质编辑器的"坐标"卷展栏，另一种是使用 UVW 贴图修改器。

1. "坐标"卷展栏

设置了贴图材质之后，在材质编辑器的"Blinn 基本参数"卷展栏中，漫反射或高光反射颜色块右边的空白按钮上会现出字母 M，单击"M"按钮即可进入下一级的编辑层，这时，材质编辑器的下方会出现"坐标"卷展栏，如图 5-42 所示。改变"坐标"卷展栏中的相应参数，即可调整贴图坐标。

图 5-42　"坐标"卷展栏

贴图通道　给一个物体设置不同的贴图坐标时，可以设置不同的通道，以观察和显示贴图效果。

UV 参数　其后的参数可以控制贴图在物体上重复贴图的次数、偏移量等。

偏移　设置位图贴图在 U 或 V 方向上的偏移量。可以用于调整贴图在物体表面的位置。

瓷砖　设置位图贴图在 U 或 V 方向上重复的次数。默认值为 1，使用此项时一般要勾选"瓷砖"复选框。

镜像　可以使贴图产生镜像复制。

角度　调整贴图在 U、V、W 方向上的角度，也可以采用右下角的"旋转"按钮进行设置。

模糊　增加贴图的模糊程度，可以用于对远景物体的贴图。

模糊偏移　利用图像的偏移产生模糊的贴图效果，一般用于产生柔化的效果。

2. UVW 贴图修改器

在材质编辑器中调整贴图坐标时，场景中所有被赋予了该贴图材质的物体，其贴图效果均会受到影响。如果希望只调整某个物体的贴图坐标，则可以使用"修改"命令面板中的"UVW 贴图"修改器。此外，通过对 UVW 贴图修改器的 Gizmo 进行移动、旋转和缩放操作，还可以非常直观地调整贴图图案在对象上的位置、大小和角度。

在视图中选择要调整贴图坐标的对象后，打开"修改"命令面板，再在"修改器列表"中选择 UVW 贴图，这时命令面板中即会出现相关的"参数"卷展栏，如图 5-43 所示，其中包括贴图、通道、对齐、显示 4 个部分。

（1）贴图

提供了 7 种不同的贴图方式。给物体指定贴图材质时，最好能够根据物体的几何结构来选择贴图方式。例如，要将含有木纹图案的材质指定给一张桌子，则可对桌子的不同部位指定不同的贴图方式。对桌面和抽屉表面可用平面贴图方式，对近似球形的抽屉把手可用球形贴图方式，而对近似柱形的桌子脚则可用柱形贴图方式。

图 5-43　UVW 贴图修改器的参数

① 7 种贴图方式具体介绍如下。

平面　平面贴图方式是将图案平铺在物体的表面上，这种贴图方式适用于物体上的长方形平面，如桌面、墙壁、地板等。

柱形　柱形贴图方式是以圆柱的方式围在物体的表面，这种贴图方式适用于柱体状的物体，如花瓶、茶杯等。此选项还有一个"封口"复选框，选择该复选框后圆柱体顶面也会进行贴图。

球形　球形贴图方式是将贴图向球体两侧包裹，然后在物体的上下顶收口，形成两个点，在球体的另一侧会产生接缝，这种贴图方式适用于球状物体。

收缩包裹　对球形贴图方式的补充。贴图坐标也是按球体方式贴图，但它与球形贴图不同的是它将贴图从物体的顶部向下包裹，在物体的底部收口，形成一个点，点周围的贴图会产生变形。

长方体　这种贴图方式是在长方体的 6 个面上同时进行贴图。

面　在网格物体的每个面上产生一幅贴图。

XYZ 到 UVW　*XYZ* 坐标系转换为 *UVW* 坐标系。

② "贴图"栏中的其他参数介绍如下。

长度、宽度、高度　用于控制贴图的大小。

U 向平铺、V 向平铺、W 向平铺　用于设置材质重复贴图的次数。它和材质编辑器中同类贴图参数不同的是，材质编辑器是从中心开始的，而此处产生重复的基准点是右下角。此选项还有一个"翻转"复选框，选择该复选框后可以使贴图在对应方向上发生翻转。

（2）通道

用于设置在哪个通道上显示贴图。

（3）对齐

用于设置贴图坐标的对齐方式，一般在"平面"方式时使用。

适配 改变贴图坐标原有的位置和比例，使贴图坐标自动与物体的外轮廓边界大小一致。

中心 使贴图坐标中心与物体中心对齐。

位图适配 使贴图坐标的比例与位图图片的比例一致。

法线对齐 使贴图坐标与物体的法线垂直。

视图对齐 使贴图坐标与当前视图对齐。

区域适配 使贴图坐标与所画区域比例一致。

重置 使贴图坐标恢复到初始状态。

获取 可以获取其他场景对象贴图坐标的角度、位置、比例。

（4）显示

设置贴图接缝是否显示在视图中。

5.3 **任务**12：玻璃花瓶材质——反射贴图和折射贴图

5.3.1 预备知识：反射贴图和折射贴图

1. 贴图通道

Standard 材质（标准材质）的"贴图"卷展栏中提供了多种贴图通道，如图 5-44 所示。使用这些贴图通道可以生成多种材质效果，如纹理、透明、凹凸、反射、折射等。

图 5-44 "贴图"卷展栏

其中，"贴图"卷展栏中的"数量"用于控制贴图的程度；"None"按钮用于设置贴图。

2. 反射贴图

反射贴图用于加强材质的光亮效果。可以创建 3 种反射：基本反射贴图、自动反射贴图、平面镜反射贴图。

（1）基本反射贴图。使用贴图图像作为反射贴图，使得图像看起来好像表面反射的一样。常用于创建玻璃或金属等有光洁亮丽表面的材质效果。如图 5-45 所示是将一个天空图案的图形文件用于反射贴图，模拟球体表面的反射效果。

（2）自动反射贴图。不需要使用贴图图像，而是使用材质/贴图浏览器中的"反射/折射"或"光线跟踪"贴图类型，精确地计算反射效果。自动反射贴图的效果真实，但会使渲染速度变慢。如图 5-46 所示是球体表面的自动反射效果。

 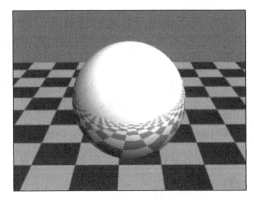

图 5-45　使用反射贴图模拟球体表面的反射效果　　　图 5-46　球体表面的自动反射效果

（3）平面镜反射贴图。使用材质/贴图浏览器中的"平面镜"贴图类型来创建镜面反射效果，常用于制作能产生倒影的材质，如光亮的桌面、地面、水面等，如图 5-47 所示。

3．折射贴图

折射贴图用于模拟水、曲面玻璃等材质的折射效果，呈现透过物体所看到的效果。常常将"光线跟踪"应用于折射贴图，其目的是使赋予了该贴图材质的物体能够自动折射其周围的景物（包括画面背景）。

影响折射效果的一个重要参数是材质编辑器"扩展参数"卷展栏中的"折射率"，其默认值为 1.5，这是典型的玻璃折射率。对象的密度越大，折射率就越高。

如图 5-48 所示是使用折射贴图制作的玻璃材质效果。

图 5-47　平面镜反射效果　　　　　　图 5-48　玻璃球的折射效果

5.3.2　任务实施

任务目标

（1）了解反射贴图的特点，掌握反射贴图的使用方法。

（2）了解折射贴图的特点，掌握折射贴图的使用方法。

（3）掌握曲面玻璃材质的制作方法。

 任务描述

任务 10 中制作了平板玻璃材质，其材质特性是具有透明度和平面反射效果的。本任务则是要为场景中的花瓶制作玻璃材质，与平板玻璃不同的是，花瓶模型具有弯曲的表面，所以折射效果更为明显。

本任务具体效果请参见本书电子教学资源包上"任务相关文档"文件夹中的文件"任务12.max"，其渲染效果如图 5-49 所示。

制作思路

通过折射贴图实现曲面玻璃的折射效果，通过反射贴图增加玻璃表面的光亮感。

操作步骤 ▷▷▷▷▷▷▷ START

1．设置玻璃的折射效果

（1）启动 3ds Max 2012 之后，打开本书电子教学资源包上"场景"文件夹下的文件"场景5-3.max"，渲染 Camera001 视图，其效果如图 5-50 所示。

图 5-49　玻璃花瓶　　　　　图 5-50　设置玻璃材质之前

（2）在视图中选择花瓶，单击工具栏中的 🔲 按钮或单击 M 键打开材质编辑器，选择第三个示例球。

（3）设置玻璃的颜色和反射高光。在材质编辑器的"Blinn 基本参数"卷展栏中，将漫反射颜色设置为白色，将"高光级别"的值设置为 110，"光泽度"的值设置为 70。为了便于后面在示例窗中观察材质的折射效果，可单击材质编辑器垂直工具栏中的 🔲 按钮，使示例窗内显示出彩色的方格背景。

（4）在材质编辑器中展开"贴图"卷展栏，单击"折射"右边的"None"按钮，再在弹出的材质/贴图浏览器中双击"光线跟踪"按钮。

（5）单击材质编辑器中的 🔲 按钮，将当前示例球的材质指定给花瓶，渲染 Camera001 视图，其效果如图 5-51 所示。

2．设置玻璃的反射效果

（1）在材质编辑器中单击水平工具栏中的 🔲 按钮，返回上一编辑层。在"贴图"卷展栏中，单击"反射"右边的"None"按钮，在弹出的材质/贴图浏览器中双击"光线跟踪"按钮

（由于前面设置的折射贴图类型为"光线跟踪"，所以这里可以直接在"贴图"卷展栏中，将"折射"右侧的按钮拖到"反射"右侧的按钮上）。注意观察当前示例球表面的变化。渲染 Camera001 视图，其效果如图 5-52 所示。由于反射的数量值过大，所以花瓶显得亮度过高，同时也失去了透明感。

图 5-51　玻璃花瓶的折射效果　　　　　　图 5-52　花瓶的反射效果（一）

（2）单击水平工具栏中的 ![按钮] 按钮，返回上一编辑层。在"贴图"卷展栏中，将反射数量设置为 30，再次渲染 Camera001 视图，其效果如图 5-53 所示。

图 5-53　花瓶的反射效果（二）

（3）继续将反射数量降低至 20，渲染 Camera001 视图，这次花瓶的玻璃质感变得逼真了。

5.3.3　知识拓展：其他常用贴图通道

1．漫反射颜色贴图

漫反射颜色贴图是最常用的一种贴图，主要用于表现材质的纹理效果，它将图案直接贴到对象的漫反射区域。任务 11 中，就是应用漫反射贴图制作了印花布和青花材质。

设置漫反射贴图时，既可以在"贴图"卷展栏中单击"漫反射颜色"右边的"None"按钮获取贴图，也可以在材质编辑器的"Blinn 基本参数"卷展栏中单击漫反射右边的空白方块按钮。

2．自发光贴图

自发光贴图使对象表面呈现局部发光的效果。贴图中浅色区域产生自发光效果（白色区域为完全自发光）。自发光的区域不受场景中灯光的影响，并且不接受投影。

如图 5-54 所示，显示了使用自发光贴图前后的广告灯箱效果对比。

（a）使用自发光贴图前　　　　　　　　（b）使用自发光贴图后

图 5-54　使用自发光贴图前后的广告灯箱效果

3．不透明度贴图

不透明贴图是根据贴图图案的明暗来决定贴图材质的透明与否，默认情况下，贴图图案中亮度较高的地方（如白色）表现为不透明，而较暗的地方（如黑色）则表现为透明。设置不透明贴图时，如果使用一幅黑白图案，则可以制作出镂空的视觉效果。如果使用一幅彩色图案，则可以制作出半透明的效果。不透明贴图通常用于制作部分透明的材质效果。

当只应用不透明贴图时，贴图中不透明图案的颜色反映为材质的漫反射颜色。如果希望贴图中的不透明图案显示为位图文件或程序贴图本身的色彩，则在应用不透明贴图的同时，还应将相同的位图文件或程序贴图应用于漫反射贴图。

如图 5-55 所示是使用不透明度贴图制作的半透明桌布效果。

图 5-55　使用不透明度贴图制作的半透明桌布效果

4．凹凸贴图

凹凸贴图是一种常用的贴图通道，它使对象表面呈现凹凸不平的效果。凹凸贴图利用图像的灰度值来影响材质表面的光滑程度，贴图较明亮（较白）的区域形成凸起，而较暗（较黑）的区域则形成凹陷。当需要创建浮雕效果或粗糙不平的表面时，可使用凹凸贴图。

可以选择一个图形文件或程序贴图用于凹凸贴图。如图 5-56 所示是利用凹凸贴图制作的土石材质效果。

（a）原位图

（b）仅应用凹凸贴图

（c）同时应用凹凸贴图和漫反射贴图

图 5-56　利用凹凸贴图制作的土石材质

凹凸贴图的"数量"参数影响凹凸的程度，该值越大，凹凸感就越强。有时，可以为凹凸贴图材质设置适当的高光，高光可以更好地烘托出凹凸效果。

🔊 提示

凹凸贴图的影响深度有限。如果希望模型表面上出现很深的纹理，则应该使用建模技术。

5.4　任务 13：饮料瓶材质——复合材质

5.4.1　预备知识：复合材质

复合材质是两种或两种以上的材质通过某种方式相结合而形成的新材质。3ds Max 2012 提供了多种复合材质，灵活运用复合材质可以制作出千变万化的、具有丰富视觉效果的材质。在材质编辑器中单击水平工具栏右下方的"Standard"按钮后，即可在弹出的"材质/贴图浏览器"中选择需要的复合材质，如图 5-57 所示。

图 5-57 在"材质/贴图浏览器"中选择复合材质

常用的复合材质有虫漆、顶/底、多维/子对象、合成、混合、双面等，本任务将使用"多维/子对象"材质，使饮料瓶的不同部位呈现不同的材质效果。

5.4.2 任务实施

 任务目标

（1）理解复合材质的特点，能够灵活运用复合材质。

（2）掌握"多维/子对象"材质的设置方法。

 任务描述

在 3.4.4 节中制作了一个瓶子模型，本任务将给这个瓶子模型赋予 3 种不同的材质，即金属瓶盖、玻璃瓶体和位图贴图的商标。具体效果请参见本书电子教学资源包上"任务相关文档"文件夹中的文件"任务 13.max"，其渲染效果如图 5-58 所示。

通过本任务的操作，介绍复合材质的基本使用方法。

 制作思路

使模型的不同部位具有不同材质效果的最佳方法是使用多维/子对象复合材质。首先给酒瓶的各个部位（即子对象）设置不同的材质 ID 值，然后再编辑多维/子对象复合材质，使多维/子对象复合材质中的材质 ID 与酒瓶子对象的材质 ID 相对应。

1．为瓶子模型的子对象设置不同的材质 ID

（1）启动 3ds Max 2012 后，打开本书电子教学资源包上"场景"文件夹下的文件"场景5-4.max"，Camera001 视图的渲染效果如图 5-59 所示。

图 5-58　饮料瓶　　　　　　　　　　图 5-59　设置瓶子材质之前的效果

（2）选择瓶子后，单击鼠标右键，在弹出的快捷菜单中选择"转换为:/ 转换为可编辑网格"。

（3）打开"修改"命令面板，单击 ■ 按钮或单击快捷键 4 进入"多边形"子对象的编辑层级。在前视图中选择整个瓶体，然后在命令面板的"曲面属性"卷展栏的"材质"栏中，将"设置 ID"的值设置为 1。

（4）如图 5-60 所示，在前视图中拖动鼠标选择瓶体最上面一段瓶盖位置的所有多边形，使之变成红色显示，然后在"曲面属性"卷展栏中将"设置 ID"的值设置为 2。

（5）如图 5-61 所示，选择瓶体下半部分要贴商标的一段，然后在"曲面属性"卷展栏中将"设置 ID"的值设置为 3。

图 5-60　选择瓶盖位置的所有的面　　　　　图 5-61　选择瓶体下半部分的一段

（6）在修改器堆栈中单击"可编辑网格"，结束子对象的编辑状态。

2．编辑多维/子对象材质

（1）打开材质编辑器后，在材质编辑器中选择第 1 个示例球，该示例球的材质已经指定给了瓶子。

（2）在材质编辑器中单击水平工具栏右下方的"Standard"按钮，然后在弹出的"材质/贴图浏览器"中双击"多维/子对象"，这时，材质编辑器中出现了"多维/子对象基本参数"卷展栏，如图 5-62 所示。

图 5-62 "多维/子对象基本参数"卷展栏

（3）在"多维/子对象基本参数"卷展栏中单击"设置数量"按钮，将材质数量设置为 3。

（4）制作瓶身的玻璃材质。单击"ID"为 1 的一行右边的"子材质"长按钮，然后在弹出的"材质/贴图浏览器"中选择"标准"。这时材质编辑器进入子材质编辑层。按照前面任务 12 中介绍的设置玻璃花瓶材质的方法，制作玻璃材质。渲染 Camera01 视图，其效果如图 5-63 所示。

图 5-63 多维/子对象材质效果（一）

（5）制作瓶盖的金属材质。单击 🔳 按钮返回到"多维/子对象基本参数"卷展栏后，单击"ID"为 2 的一行右边的"子材质"长按钮，并在弹出的"材质/贴图浏览器"中双击"标准"。

（6）在子材质编辑层的"明暗器基本参数"卷展栏中，选择"金属"明暗器，将材质的漫反射颜色设置为白色，将高光级别设置为 100，光泽度设置为 70。最后设置反射贴图为"光线跟踪"，反射贴图的"数量"值为 40。渲染 Camera01 视图，其效果如图 5-64 所示。

图 5-64　多维/子对象材质效果（二）

（7）制作饮料瓶商标的材质。再次单击 ![按钮] 按钮回到"多维/子对象基本参数"卷展栏，单击"ID"为 3 的一行右边的"子材质"长按钮。在子材质编辑层中，设置漫反射贴图为"位图"，并使用本书电子教学资源包上的图形文件"任务相关文档\素材\饮料商标.jpg"。

（8）渲染 Camera001 视图，此时会出现一个"缺少贴图坐标"对话框，说明需要为瓶子指定贴图坐标。

3．设置贴图坐标

（1）在视图中选择瓶子后，在"修改"面板中的"修改器列表"中选择"UVW 贴图"修改器，并选择"参数"卷展栏中的"柱形"贴图方式。

（2）在命令面板的修改器堆栈中，单击"UVW 贴图"修改器前的"＋"，选中子对象 Gizmo，此时橘黄色的线框呈黄色显示。在左视图中，将 Gizmo 线框逆时针旋转 90°，再在顶视图中将 Gizmo 线框的大小缩放到和瓶体相当，最后在前视图中将 Gizmo 线框的高度缩小到和 ID 为 3 的面相当，并将其移动到适当位置。调整后的 Gizmo 线框如图 5-65 所示。

（3）重新渲染 Camera001 视图，其效果如图 5-66 所示。

图 5-65　调整后的 Gizmo 线框　　　图 5-66　多维/子对象材质效果（三）

5.4.3　知识拓展：常用复合材质

1．双面材质

双面材质可以分别为物体的内外两面赋予不同的材质和贴图，如图 5-67 所示是赋予了双面材质的杯子，其内外分别呈现出不同的图案效果。

双面材质"双面基本参数"卷展栏如图 5-68 所示。

图 5-67　内外不同材质的杯子　　　　　　　　图 5-68　"双面基本参数"卷展栏

半透明　用于设置两种材质的混合程度，取值范围为 0～100。当该值为 0 时，正面材质在外；当该值为 100 时，正面材质在内，背面材质在外。

正面材质　外表面的材质。

背面材质　内表面的材质。

当对带有一定厚度的物体或使用"轮廓"生成的车削物体使用双面材质时，如果看不到双面效果，可以使用"翻转法线"命令。

2．混合材质

混合材质是将两种材质按照一定的比例进行混合，从而在物体表面产生两种材质的效果，如图 5-69 所示。

图 5-69　两种图案的混合效果

混合的方式有两种　一种是使用"混合量"进行调节，取值范围为 0～100。当该值为 0 时，显示第一种材质；当该值为 100 时，显示第二种材质；当值介于两者之间时，显示两种材质的混合效果。另一种是使用"遮罩"，利用贴图的灰度值来决定两种材质的显示方式，贴图中纯黑色部分显示第一种材质，纯白色部分显示第二种材质，介于黑白两者之间的，根据亮度显示两种材质的混合效果。

双面材质"混合基本参数"卷展栏如图 5-70 所示。

图 5-70 "混合基本参数"卷展栏

材质 1/材质 2 单击其后的长按钮，即可设置用于混合的两种材质。

遮罩 单击其后的长按钮可选择一幅贴图，根据贴图的灰度值来决定两种材质的混合情况。

混合量 设置两种材质混合的百分比。

转换区域 设置两种材质发生转换的区域。

3. 合成材质

合成材质类似于混合材质，但它允许包含多达 10 种不同的材质进行合成。制作合成材质的方法：首先选择一种基础材质，然后再选择其他类型的材质与基本材质合成。如图 5-71 所示是 3 种材质的合成效果。

图 5-71 3 种材质的合成效果

合成"合成基本参数"卷展栏如图 5-72 所示。

图 5-72　"合成基本参数"卷展栏

基础材质　设置合成材质的基本材质。

材质 1～材质 9　可以设置用于与基本材质进行合成的其他 9 种材质。其后的 A，S，M 分别代表不同的合成类型，数值框则表示对下面材质的透过程度。

4．顶/底材质

顶/底材质可以向对象的顶部和底部指定两种不同的材质，并且还可以将这两种材质混合在一起。如图 5-73 所示使用顶/底材质制作的背部为蛇皮纹理而腹部为白色的花蛇效果。

顶/底材质"顶/底基本参数"卷展栏如图 5-74 所示。

图 5-73　顶/底材质效果　　　　图 5-74　"顶/底基本参数"卷展栏

顶材质　单击其后的按钮进入顶部材质的设置。

底材质　单击其后的按钮进入底部材质的设置。

交换　交换顶部材质和底部材质的位置。

坐标　确定顶部和底部依据的坐标系。

混合　设置顶部材质和底部材质相互混合的程度，其值为0～100。

位置　设置顶部材质和底部材质发生混合的位置，其值为0～100。

5．多维/子对象材质

多维/子对象复合材质可以使模型的不同部位具有不同材质效果，任务13就是利用了多维/子对象材质在一个瓶子模型上分别呈现出金属、玻璃和商标的材质效果。在多维/子对象材质的设置中，各子材质的ID是与模型子对象的ID相对应的，所以在使用多维/子对象材质的同时，一般都会通过"编辑网络"等修改器为物体的不同子对象指定不同的ID。如图5-75所示为应用多维/子对象材质制作的金边茶壶效果。

"多维/子对象基本参数"卷展栏如图5-76所示。

图 5-75　多维/子对象材质效果

图 5-76　"多维/子对象基本参数"卷展栏

设置数量　单击该按钮后可在弹出的对话框中设置子材质的数量。

添加　在已设置了材质数量的基础上再增加一个子材质。

删除　删除一个子材质。

ID　该列可以为每个子材质定义一个序号。

名称　为子材质定义名字。

子材质　设置对应的子材质类型。

启用/禁用　控制子材质是否有效。选中为有效，否则无效。

6．虫漆材质

虫漆材质通过叠加将两种材质混合，被添加到基础材质颜色中的叠加材质称为"虫漆"材质。如图5-77所示为虫漆材质的应用效果。

"虫漆基本参数"卷展栏如图 5-78 所示。

图 5-77　虫漆材质的效果

图 5-78　"虫漆基本参数"卷展栏

基础材质　单击其后的长按钮可设置基础材质。

虫漆材质　单击其后的长按钮可设置虫漆材质。

虫漆颜色混合　控制颜色混合的量。其值为 0 时，虫漆材质没有效果。增加该参数值将增加混合到基础材质颜色中的虫漆材质颜色量。该参数没有上限，较大的值将"超载"虫漆材质颜色。

5.5　本章快捷键汇总

功　　能	快　捷　键
打开材质编辑器	M
渲染帧窗口	F9
渲染设置	F10

5.6　拓展训练

5.6.1　给场景中的各个对象设置材质

训练内容

　　本书电子教学资源包"场景"文件夹中的"场景 5-5.max"文件场景内提供了一组静物模型，要求如图 5-79 所示，为其中的桌子、桌布、罐子、花瓶、杯子等模型分别指定不同的材质。具体效果请参见本书电子教学资源包上"拓展训练"文件夹中的文件"实训 5-1.max"。

图 5-79　静物

训练重点

（1）土石材质的制作。

（2）陶瓷材质的制作。

（3）玻璃材质的制作。

（4）金属材质的制作。

（5）凹凸纹理的制作。

（6）贴图坐标的调整。

操作提示

（1）启动 3ds Max 2012 之后，打开本书电子教学资源包上"场景"文件夹中的"场景 5-5.max"文件。

（2）设置桌面材质为土石材质。选定场景中的桌子，打开材质编辑器，将第二个示例球材质指定给桌子。设置漫反射颜色贴图为"位图"，并使用本书电子教学资源包上的图形文件"材质\石材\石材 06.jpg"。在"坐标"卷展栏中，将"瓷砖"下面的 U、V 值均设置为 3。

（3）设置桌布材质为凹凸纹理。选定场景中的桌布，将材质编辑器中的第三个示例球材质指定给桌布。设置漫反射颜色为白色。在"贴图"卷展栏中，设置凹凸贴图为"位图"，并使用本书电子教学资源包上的图形文件"材质\布料\046．jpg"。在"贴图"卷展栏中，设置凹凸贴图的"数量"为 50。

（4）设置罐子材质为陶瓷材质。选定场景中的罐子，将材质编辑器中的第四个示例球材质指定给罐子。应用"顶/底"复合材质，分别设置顶材质和底材质的高光级别为 100，光泽度为 60。设置顶材质的漫反射颜色为淡黄色，设置底材质的漫反射颜色为褐色。在"顶/底基本参数"卷展栏中设置"混合"为 50，"位置"为 80。

（5）设置花瓶材质为亚光金属材质。选定场景中的花瓶，将材质编辑器中的第五个示例球材质指定给花瓶。在"明暗器基本参数"卷展栏中选择"金属"明暗器，设置漫反射颜色为棕黄色，高光级别为 80，光泽度为 70。在"贴图"卷展栏中，设置反射贴图为"位图"，并使用本书电子教学资源包上的图形文件"材质\金属\金属 003.jpg"。

（6）设置杯子材质为玻璃材质。在视图中同时选定 2 个杯子，然后将材质编辑器中的第六个示例球材质指定给选定的杯子。在"明暗器基本参数"卷展栏中勾选"双面"复选框。在"Blinn基本参数"卷展栏中将漫反射颜色设置为白色，将高光级别设置为 120，光泽度设置为 70。在"贴图"卷展栏中，设置反射贴图和折射贴图为"光线跟踪"，并将反射贴图的"数量"设置为 30，折射贴图的"数量"设置为 90。

5.6.2 Substance 材质应用

训练内容

Substance 材质是 3ds Max 2012 新增的一个贴图库，专门用于制作各种自然类物质的纹理，如混凝土、裂纹、煤、花岗石、大理石、织物、铁、皱纸，等等。它通过丰富的参数生成并调节材质表面的纹理，从而显示出非常真实的效果。

本次拓展训练将使用 Substance 贴图库中的 BrickWall（砖墙）和 Stones（石头）材质，产生砖墙和碎石地面，具体效果参见本书电子教学资源包上"拓展训练"文件夹中的文件"实训5-2.max"，其渲染效果如图 5-80 所示。

训练重点

（1）Substance 贴图库中材质的应用。

（2）通过调整 Substance 贴图库中材质的参数，来改变纹理效果。

操作提示

（1）启动 3ds Max 2012 之后，打开本书电子教学资源包上"场景"文件夹中的文件"场景 5-6.max"，其中提供了砖墙和地面模型。

（2）设置砖墙的材质。在材质编辑器中选择第一个示例球，并将其材质指定给场景中的两面墙。设置漫反射贴图为"Substance"，这时，"Substance 程序包浏览器"卷展栏会出现在材质编辑器中，如图 5-81 所示。

图 5-80　砖墙和碎石地面　　　　图 5-81　"Substance 程序包浏览器"卷展栏

（3）在"Substance 程序包浏览器"卷展栏中，单击"加载 Substance"按钮，弹出"查找Substance"对话框，如图 5-82 所示。双击"textures"，再选择其中的"BrickWall_02.sbsar"，最后单击"打开"按钮。这时，第一个示例球上会出现砖墙纹理。渲染 Camera001 视图，其效果如图 5-83 所示。

图 5-82　"查找 Substance"对话框

图 5-83　砖墙效果（一）

（4）调整砖墙的纹理。加载一种 Substance 贴图后，其相关参数卷展栏会出现在材质编辑器中。"Brick_Wall_02 参数"如图 5-84 所示。设置其中的"Bricks X"（*X* 轴方向砖数）为 6，设置"Bricks Y"（*Y* 轴方向砖数）为 12，再次渲染 Camera001 视图，可以发现砖纹变大了，如图 5-85 所示。

图 5-84　Brick_Wall_02 参数

（5）设置石头材质。在材质编辑器中选择第二个示例球，并将其材质指定给场景中的地面。设置漫反射贴图为"Substance"，再在"Substance 程序包浏览器"卷展栏中单击"加载 Substance"按钮。在弹出的"查找 Substance"对话框中双击"textures"，再选择其中的"Stones_01. sbsar"，最后单击"打开"按钮。这时，第二个示例球上会出现石头纹理。渲染 Camera001 视图，其效果如图 5-86 所示。

图 5-85　砖墙效果（二）

图 5-86　石头地面效果（一）

（6）调整石头纹理。"Stones_01 参数"如图 5-87 所示。设置"Rock Amount"（岩石数量）为 0.8，"Rock Color"（岩石颜色）设置为暗绿色，"Rock Size"（岩石大小）设置为 0。再次渲染 Camera001 视图，岩石纹理的变化如图 5-88 所示。

图 5-87　Stones_01 参数　　　　　　　图 5-88　石头地面效果（二）

习题与实训 5

一、填空题

（1）3ds Max 2012 中材质和贴图的编辑是通过_____窗口来实现的。

（2）按快捷键_____可打开材质编辑器。

（3）材质的颜色包括环境光、_____、_____3 个部分的颜色信息。其中，起决定作用的是_____颜色。

（4）制作透明材质时，应修改"Blinn 基本参数"卷展栏中的_____参数。

（5）贴图材质的来源主要有_____和_____两种。

（6）可以在材质编辑器中的_____卷展栏中设置贴图坐标，也可以使用_____修改器。

（7）常用的贴图方式有_____、_____、_____、_____。

二、简答题

（1）简述材质编辑器的功能。

（2）简述制作漫反射贴图材质的方法。

（3）简述制作多维/子对象复合材质的方法。

（4）简述制作凹凸贴图材质的方法。

三、上机操作

在本书电子教学资源包"场景"文件夹的"场景 5-7.max"文件中提供了一个足球模型，要求使用"多维/子对象"复合材质，使足球呈现出黑白两种颜色的效果，如图 5-89 所示。具体效果请参见本书电子教学资源包上"拓展训练"文件夹中的文件"实训 5-3.max"。

图 5-89　足球的材质效果

第6章

灯　光

内容导读

　　灯光是 3ds Max 提供的照亮场景中几何体的光源。不同类型的灯光对象用不同的方法投影灯光，从而模拟真实世界中不同种类的光源。除了基本的照明作用外，灯光还对烘托场景的整体气氛起着非常重要的作用。在 3ds Max 中，灵活运用各类灯光可以准确而生动地表现出场景所处的位置环境和时间环境，如月光、不同时间的太阳光、室内光源，等等。3ds Max 2012 还能制作多种光影特效，使场景更加富有感染力。

　　本章重点通过两个灯光应用的任务，介绍在 3ds Max 2012 中创建灯光的方法、各类灯光的特点、常用灯光参数的设置，以及运用体积光制作特殊光效的方法。

知识和技能	学习要求	
	了　解	掌　握
3ds Max 2012 的灯光类型	●	
灯光的创建方法		●
聚光灯的应用		●
泛光灯的应用		●
常用灯光参数		●
基本布光技巧	●	
体积光的应用		●

6.1　任务14：台灯的照明效果——使用聚光灯和泛光灯

6.1.1　预备知识：3ds Max 2012的灯光类型

3ds Max 2012提供了两大类型的灯光：标准灯光和光度学灯光。标准灯光通常用于模拟普通灯光（如车灯、室内台灯、壁灯）和太阳光等，光度学灯光则可以通过光度学值，更加精确地定义灯光。下面重点介绍标准灯光的灯光类型。

3ds Max 2012提供了8种类型的标准灯光，它们分别是：

（1）目标聚光灯；

（2）自由聚光灯（Free Spot）；

（3）目标平行光；

（4）自由平行光；

（5）泛光灯；

（6）天光；

（7）mr 区域泛光灯；

（8）mr 区域聚光。

在"创建"命令面板中，单击"灯光"按钮 ![按钮] ，即可打开创建灯光的命令面板。可在下拉列表中选择"标准"或"光度学"灯光。

在标准灯光面板的"对象类型"卷展栏中提供了8种类型灯光的创建命令，如图6-1所示。单击创建灯光的命令后，在视图中拖动或单击鼠标即可创建灯光。

1．聚光灯

聚光灯是有方向的光源，以光锥的形式发出光线，类似于日常生活中的探照灯或手电筒。3ds Max提供了两种类型的聚光灯，即目标聚光灯和自由聚光灯。

目标聚光灯由光源点和目标点组成，如图6-2所示。光锥顶部的圆锥图标代表光源点，另一端的小方块图标则代表目标点。可以分别对光源点和目标点进行移动和旋转等操作，但无论光源点和目标点怎样运动，同一个目标聚光灯中的光源都总是照向目标点的。目标聚光灯常被用来作为提供基本照明的主灯。

图6-1　创建标准灯光的命令面板

图6-2　目标聚光灯

自由聚光灯类似于目标聚光灯，其光线仍是来自一点，并沿着锥形延伸。与目标聚光灯不同的是，自由聚光灯没有目标点。在实际应用中，自由聚光灯可以用作一些垂直或水平方向上的直射灯效果。

2．平行光

平行光也是有方向的光源。与聚光灯不同的是，平行光发出的不是光锥，而是一束平行光线。如图 6-3 所示，相互平行的栅栏支柱在聚光灯的照射下产生的阴影呈锥形，而在图 6-4 中，栅栏支柱在平行光的照射下产生的阴影也是相互平行的。

图 6-3　聚光灯产生的锥形阴影

图 6-4　平行光产生的平行阴影

3ds Max 提供了两种类型的平行光，即目标平行光和自由平行光。其中，目标平行光包含光源点和目标点，而自由平行光则没有目标点。在实际应用中，平行光常用来模拟户外太阳光的光照效果。

3．泛光灯

泛光灯是一种点光源，如图 6-5 所示。泛光灯发出的光线向四周散射，它就像我们平常见到的没有灯罩的电灯泡，散发出扩散的光。在实际应用中，泛光灯通常被用来作为提供均匀照明的辅助灯。

4．天光

天光是一种圆顶的光源，如图 6-6 所示。常用作产生较高亮度的日光。天光还可以形成非常柔和的阴影效果。

图 6-5　泛光灯

图 6-6　天光

5．mr 区域泛光灯

mr 区域泛光灯的基本参数与泛光灯相同，只是增加了设置区域灯光参数的卷展栏。当使用 mental ray 渲染器渲染场景时，区域泛光灯从球体或圆柱体体积发射光线，而不是从点光源发射光线。使用默认的扫描线渲染器时，区域泛光灯像标准的泛光灯一样发射光线。

6．mr 区域聚光灯

mr 区域聚光灯的参数设置与目标聚光灯基本相同，只是增加了设置区域灯光参数的卷展栏。

6.1.2 任务实施

 任务目标

1．了解 3ds Max 2012 中的灯光类型，以及各类灯光的特点。
2．掌握各类灯光的创建方法，能够灵活调整聚光灯的照射方向和角度。
3．掌握灯光的常用参数。
4．能根据场景的具体情况灵活地运用和设置灯光。

 任务描述

在前面第 4 章的任务 8 中，曾创建过一个台灯模型，本任务将给这个台灯加上灯光效果。具体效果请参见本书配套光盘上"任务相关文档"文件夹中的文件"任务 14.max"，其渲染效果如图 6-7 所示。

通过本任务的操作，介绍聚光灯和泛光灯的创建方法，以及灯光常用参数的基本设置方法。

图 6-7　台灯照明效果

 制作思路

场景中的主光源是台灯的灯光，这种灯光可以用能够产生锥形光束的聚光灯来实现，同时在场景中创建泛光灯，使用产生散射光线的泛光灯来作为辅光。

 操作步骤　　　　　　　　　　　　　▶▶▶▶▶▶▶ START

1．创建和设置聚光灯

（1）启动 3ds Max 2012 之后，打开本书配套光盘上"场景"文件夹中的文件"场景 6-1.max"。

渲染其中的 Camera001 视图，设置灯光之前的效果如图 6-8 所示。

图 6-8　创建灯光之前的渲染效果

注意，由于系统提供了缺省的光源，所以，虽然此时还没有创建任何灯光，但场景仍然可以被系统的缺省光源照亮。这里，我们想要得到台灯的锥形光束照射效果，就需要在台灯的位置创建一个聚光灯。

（2）创建目标聚光灯。在"创建"命令面板中单击 ◥ 按钮，打开"创建/灯光"命令面板。

（3）在命令面板的"对象类型"卷展栏中，单击"目标聚光灯"按钮，使该按钮变成蓝色激活状态。

（4）把光标移到前视图中的台灯灯罩位置，此时光标为十字形状。按下鼠标左键后，向下拖动鼠标，以确定聚光灯的目标点，最后，在桌面的位置放开鼠标左键，使创建好的聚光灯在前视图中的位置和方向如图 6-9 所示。

创建了聚光灯之后，Camera01 视图中的场景反而变暗了，这是因为一旦自己创建了灯光，那么系统的缺省光源将自动关闭。

（5）调整聚光灯的位置。从顶视图和左视图中可以看出，聚光灯距台灯还有一定的距离。单击工具栏中的 ✛ 按钮，在左视图中单击聚光灯光源与聚光灯目标点之间的连线，这样即可同时选定聚光灯的光源与目标点，然后在左视图中将聚光灯移到台灯的位置，如图 6-10 所示。

图 6-9　聚光灯在前视图中的位置和方向　　　图 6-10　聚光灯在左视图中的位置

（6）渲染 Camera001 视图，可以看到聚光灯的锥形光线在桌面上投下了边缘清晰的光照区域，并且，在聚光灯的照射范围之外，场景没有光照，如图 6-11 所示。

（7）调整聚光灯锥形光线的照射范围。在视图中单击选定聚光灯的光源，打开"修改"命令面板，在"聚光灯参数"卷展栏中，将"聚光区/光束"的值设置为 30，将"衰减区/区域"

的值设置为 130。再次渲染 Camera001 视图，可以看到聚光灯光照区域扩大了，同时光照区域边界变得非常柔和自然，如图 6-12 所示。

图 6-11　聚光灯的照射效果（一）　　　　图 6-12　聚光灯的照射效果（二）

（8）打开聚光灯的阴影选项。在命令面板的"常规参数"卷展栏中，勾选"阴影"栏中的"启用"复选框。渲染 Camera001 视图，这时虽然笔筒在桌面上投下了阴影，但聚光灯在灯罩的遮挡下，光线效果变得不太自然。下面将灯罩等对象排除在聚光灯的影响之外。

（9）设置聚光灯的排除对象。在"常规参数"卷展栏中单击"排除"按钮，打开"排除/包含"对话框，在左边的场景对象列表中，选择"灯罩"，再单击 按钮，使"灯罩"出现在右边的排除对象列表中，如图 6-13 所示。最后单击对话框中的"确定"按钮。

图 6-13　选择聚光灯的排除对象

提示

　　在"排除/包含"对话框的右上方有两个单选项，其中"包含"表示灯光是否包含右边列表中的对象，"排除"表示灯光是否排除右边列表中的对象。缺省的选项为"排除"。

（10）再次渲染 Camera001 视图，这时笔筒在聚光灯的照射下投下了阴影，如图 6-14 所示。

2．创建和设置泛光灯

（1）打开"创建/灯光"命令面板，单击"泛光灯"按钮，将光标移到视图内单击鼠标左键创建泛光灯。然后，单击工具栏中的 ⊞ 按钮，参照图 6-15 所示，在视图中调整泛光灯的位置。

图 6-14　聚光灯的照射效果（三）

图 6-15　泛光灯在场景中的位置

（2）渲染 Camera01 视图，这时整个场景都变得非常明亮。下面，我们要降低作为辅光的泛光灯的亮度，以突出台灯的照明效果。

（3）设置泛光灯的亮度。确认泛光灯被选择，打开"修改"命令面板，在"强度/颜色/衰减"卷展栏中，将"倍增"参数的值由原来的 1 设置为 0.1。再次渲染 Camera001 视图，结果如图 6-16 所示。

图 6-16　设置泛光灯后的照明效果

提示

所有的灯光都有"倍增"参数，当场景中创建了两个以上的灯光时，通常应根据各个灯光的作用将其"倍增"参数设置为不同的值，这样，场景中的灯光效果才能呈现出丰富的层次感。

（4）创建一个专门照亮灯罩内部的泛光灯。打开"创建/灯光"命令面板，单击"泛光灯"按钮，在视图中创建一个泛光灯，并将这个泛光灯移到灯罩内。

（5）选定灯罩内的泛光灯，打开"修改"命令面板，在"强度/颜色/衰减"卷展栏中，将"倍增"参数的值设置为 1。在"常规参数"卷展栏中单击"排除"按钮，打开"排除/包含"对话框，并单击右上角的"包含"。在左边的场景对象列表中，选择"灯罩"，再单击 ≫ 按钮，使"灯罩"出现在右边的包含对象列表中。

（6）再次渲染 Camera001 视图，结果如图 6-17 所示。

图 6-17　泛光灯照亮灯罩内部

6.1.3　知识拓展 1：灯光的常用参数

灯光的参数设置灵活多变。通过参数设置，可以调整灯光的色彩、亮度以及阴影效果等。除"天光"外，其余 7 种灯光的参数基本一致。下面重点介绍其中的一些常用参数。

1．"常规参数"卷展栏

"常规参数"卷展栏用于设置灯光的一般属性，包括灯光及阴影效果的开启、对象的排除，等等，如图 6-18 所示。

启用　打开和关闭灯光。

当"启用"复选框被选中时，灯光即被打开，反之，取消对"启用"复选框的选择后，灯光即被关闭。被关闭的灯光在视图中以黑色图标显示。

图 6-18　"常规参数"卷展栏

阴影　其中的"启用"复选框用于打开和关闭阴影。"启用"复选框下面的阴影类型下拉列表中，提供了高级光线跟踪、mental ray 阴影贴图、区域阴影、阴影贴图、光线跟踪阴影 5 种阴影类型。

① 高级光线跟踪。高级光线跟踪阴影与光线跟踪阴影类似，同时，高级光线跟踪还提供了抗锯齿控件，可以通过这一控件微调光线跟踪阴影的生成方式。

② mental ray 阴影贴图。该阴影类型与 mental ray 渲染器一起使用。如果选中该阴影类型但使用默认扫描线渲染器，则渲染时将不会显示阴影。

③ 区域阴影。区域阴影模拟灯光在长方形、圆形、长方体形、球形等不同的区域或体积上生成的阴影。

④ 阴影贴图。阴影贴图是默认的阴影类型，能够产生较柔和的阴影效果，并且渲染速度较快。

⑤ 光线跟踪阴影。光线跟踪阴影始终能够产生清晰的阴影边界，同时还可以产生能够反映透明材质和线框材质的真实的阴影效果，但选择该类型的阴影将降低渲染速度。如图 6-19 所示为阴影贴图和光线跟踪阴影两种阴影类型的对比。

（a）阴影贴图产生的模糊阴影　　　　　　　　（b）光线跟踪阴影产生的清晰阴影

图 6-19　阴影贴图和光线跟踪阴影两种阴影类型的对比效果图

排除　设置灯光是否照射某个对象。单击该按钮可以打开"排除/包含"对话框。

2．"强度/颜色/衰减"卷展栏

"强度/颜色/衰减"卷展栏用于设置灯光的强度、灯光的颜色和衰减效果，如图 6-20 所示。

图 6-20　"强度/颜色/衰减"卷展栏

倍增　设置系统设定的光源本身亮度的倍增值。通过调整倍增值可以使灯光变暗或变亮，该值小于 1 时将减小亮度，该值大于 1 时将增大亮度。

灯光的默认颜色为白色，单击"倍增"右边的颜色块，可在弹出的"颜色选择"对话框中设置灯光的颜色。

衰退　设置衰退类型。

近距衰减　用于设置灯光从照明开始处到照明达到最亮处之间的距离。选择该栏中的"使用"复选框后，即可产生近距衰减效果。

远距衰减　用于设置灯光从照明开始处到完全没有照明处之间的距离。选择该栏中的"使用"复选框后，即可产生远距衰减效果。

灯光衰减示意如图 6-21 所示。

图 6-21　灯光衰减示意图

在现实生活中，光线穿过空气时会自动产生衰减现象，所以，离光源越近，光线就越强烈，随着与光源距离的增大，光线就越来越弱。而在 3ds Max 中，灯光的照射强度与距离是没有关系的，如果想产生真实的有距离感的光照效果，就可通过设置灯光的衰减参数来实现。

3.“高级效果”卷展栏

“高级效果”卷展栏用于设置灯光照射在物体表面上的明暗对比度，以及一些照射表面特效，如图 6-22 所示。

图 6-22　“高级效果”卷展栏

影响曲面　设置灯光照射物体表面时的相关参数。其中的“对比度”参数表示当光源照射在物体表面时，所形成的受光面和阴暗面的对比强度，该参数可以用来制作刺眼的灯光效果。“柔化漫反射边”参数用于设置光源照射在物体表面时光线的柔和程度。

如图 6-23 所示，显示了“对比度”值分别为 0 和 100 时的聚光灯照射效果。

（a）对比度=0　　　　　　　　　　（b）对比度=100

图 6-23　“对比度”参数对灯光照射效果的影响

投影贴图　可设置沿着灯光的照射方向投影出指定图像，单击其中的“无”按钮即可选择想要投影的贴图。投影贴图的效果如图 6-24 所示。

4.“阴影参数”卷展栏

“阴影参数”卷展栏用于设置灯光所投射的阴影效果，如图 6-25 所示。

图 6-24　聚光灯产生的投影贴图

图 6-25　"阴影参数"卷展栏

颜色　该选项用于设置阴影的颜色。默认的颜色是黑色，单击"颜色"右边的颜色块即可打开"颜色选择器"对话框，可以在该对话框中将阴影设置成任何颜色。

密度　该数值框用于调整阴影颜色的浓度。当"密度"为 0 时，不产生阴影；当"密度"为正值时，值越大颜色越浓；当"密度"为负值时，产生的阴影颜色与设置的阴影颜色相反。如图 6-26 所示，显示了不同密度值的阴影效果。

（a）密度=2　　　　　　　　　　（b）密度=0.5

图 6-26　"密度"参数对阴影效果的影响

贴图　该选项用于设置图形效果的阴影，单击"贴图"右边的"无"按钮，即可在弹出的"材质/贴图浏览器"中指定位图。如图 6-27 所示，显示了使用贴图阴影前后的对比。

图 6-27　贴图阴影

灯光影响阴影颜色　选择该复选框后，将使阴影的颜色显示为灯光颜色和阴影颜色的混合效果。

5．"阴影贴图参数"卷展栏

"阴影贴图参数"卷展栏如图 6-28 所示，通过设置阴影与物体的位置关系等参数，来产生形象逼真的阴影效果。

图 6-28　"阴影贴图参数"卷展栏

偏移 用于设置物体与阴影之间的距离。"偏移"值越大，阴影离物体的距离就越远。如图 6-29 所示，显示了"偏移"值分别为 1 和 4 时的阴影效果。

（a）偏移=1　　　　　　　　　　　　（b）偏移=4

图 6-29 　"偏移"参数对阴影效果的影响

大小 设置阴影贴图的大小，"大小"值越大，对阴影的描述就越细致。如图 6-30 所示，显示了不同阴影"大小"设置的对比。

（a）大小=128　　　　　　　　　　　（b）大小=1024

图 6-30 　"大小"参数对阴影效果的影响

采样范围 设置阴影边缘的模糊程度，"采样范围"的值越大，阴影就越模糊。如图 6-31 所示，显示了"采样范围"值分别为 2 和 20 时的阴影效果。

（a）采样范围=2　　　　　　　　　　（b）采样范围=20

图 6-31 　"采样范围"参数对阴影效果的影响

6．光域

聚光灯和平行光有 1 个参数相同的卷展栏，即聚光灯的"聚光灯参数"卷展栏与平行光的"平行光参数"卷展栏，如图 6-32 所示，可在其中设置灯光区域大小、衰减区大小、光源区域的形状等参数。

图 6-32 "聚光灯参数"卷展栏和"平行光参数"卷展栏

下面以"聚光灯参数"卷展栏为例,介绍其中的主要参数。

显示光锥 选择该复选框后,聚光灯在各个视图中将以能够表示光照范围的锥形框显示。

泛光化 选择该复选框后,将使聚光灯变成点光源,就像取下灯罩的灯泡,灯光将向四周散射。激活"泛光化"选项后,聚光灯的投影边界将会消失,整个场景都被照亮。

聚光区/光束 该数值框用于设置灯光照射范围内光线最强的区域的大小。

衰减区/区域 该数值框用于设置聚光区以外光线从强到弱的区域的大小。

聚光灯和平行光投影边界是清晰还是柔和,取决于"聚光区"和"衰减区"两个参数的大小。当这两个参数值非常接近时,聚光灯或平行光投影边界就会很清晰;而这两个参数值相差较大时,聚光灯或平行光投影边界就会变得柔和,如图 6-33 所示。

(a) 聚光区=43,衰减区=45   (b) 聚光区=20,衰减区=60

图 6-33 "聚光区"和"衰减区"对投影边界的影响

圆和矩形 这一组单选钮用于设置聚光灯照射区域的形状是呈圆形还是呈矩形。默认的情况下,聚光灯的照射区域呈圆形。当选择"矩形"选项后,聚光灯的照射区域就变成了矩形,如图 6-34 所示。

图 6-34 选择"矩形"选项后聚光灯的照射效果

6.1.4 知识拓展 2:光度学灯光

光度学灯光使用光能值来精确地定义灯光,从而模拟出真实世界灯光的物理特性,包括灯光的分布、强度、色温等，实现逼真的渲染效果。创建光度学灯光的命令面板如图 6-35 所示，其中提供了 3 种类型的光度学灯光，即目标灯光、自由灯光、mr Sky 门户。

图 6-35　创建光度学灯光的命令面板

1. 目标灯光（光度学）

目标灯光具有一个目标子对象，可以用来控制灯光的照射方向。在视图中选择目标子对象后，会自动弹出一个显示目标位置灯光强度值的提示，如图 6-36 所示。

不同的目标位置上，灯光的照射强度会不同，如图 6-37 所示，离光源近的树较亮，而离光源较远的树则较暗。

图 6-36　目标位置灯光强度

图 6-37　离光源越远，灯光强度越弱

2. 自由灯光（光度学）

自由灯光不具备目标子对象，可以通过使用移动和旋转等变换操作来控制自由灯光的照射方向和位置。

3. mr Sky 门户

mr（mental ray）Sky 门户是一种区域灯光，它可以把天光"聚集"起来并把亮度和颜色分布到室内。一般情况下，会把 mr Sky 门户设置在室内的窗口位置。使用 mr Sky 门户灯光的好处在于不需要使用全局照明设置就可以达到较好的渲染效果，同时又节省了渲染时间。

6.1.5　知识拓展 3：常用布光法

灯光的布置对三维场景的最后渲染效果有较大的影响，好的灯光设计使整个场景更具感染力，更为真实可信。初学者在布置灯光时常常喜欢创建很多个光源，以使场景显得明亮。但是，过多的光源会使光线无序，同时也会影响渲染速度。实际上，只要合理安排光源的位置，即使是少量的光源也会产生很好的光照效果。

最传统也是最易掌握的一种布光法是三角形布光法,即在场景中布置主灯、辅助灯和背灯,这 3 个灯的位置一般排列成三角形,如图 6-38 所示。

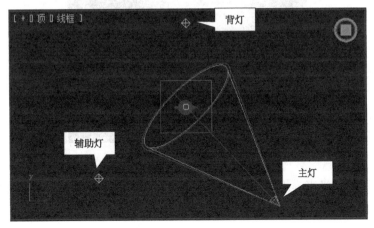

图 6-38　三角形布光法

(1)主灯。主灯提供场景的主要照明,用来照亮大部分的场景和场景中对象的主要部分,也是产生阴影的主要光源。主灯常与摄像机设置为同一个角度。

(2)辅助灯。辅助灯位于主灯的另一侧,用来照射主灯没有照射到的黑暗区域以减少场景中光照的反差,使光的过渡更为自然。辅助灯的亮度低于主灯,一般为主灯亮度的 1/2 左右。

(3)背灯。背灯常放置在场景主体的后上方,它的亮度也应小于主灯。背灯用来加强目标造型的轮廓,同时也增加场景的纵深感。

6.2　任务 15:电影放映机的光束——使用体积光

6.2.1　预备知识:体积光

体积光是 3ds Max 提供的一种大气特效之一,它能够使聚光灯、泛光灯和方向灯不仅仅起到照亮场景的作用,而且灯光本身也能以雾状光晕的形式显现出来。体积光根据灯光与大气(雾、烟等)的相互作用提供灯光效果,它可以使泛光灯产生径向光晕、使聚光灯产生锥形光晕、使平行光产生平行雾光束等效果,分别如图 6-39 至图 6-41 所示。

图 6-39　泛光灯的体积光效果

图 6-40　聚光灯的体积光效果

图 6-41　平行光的体积光效果

通常，可以用体积光来模拟光线穿过尘埃或雾时产生的各种效果，如夜晚手电筒或探照灯产生的光柱，光芒透过缝隙等。

6.2.2　任务实施

任务目标

理解体积光的特点，掌握体积光的设置方法。

任务描述

本任务将利用能够产生光晕的体积光，使电影放映机产生可见的锥形光束。具体效果请参见本书电子教学资源包上"任务相关文档"文件夹中的文件"任务 15.max"，其渲染效果如图 6-42 所示。

图 6-42　放映机的锥形光束

通过本任务的实施，介绍体积光的作用及其实现方法。

制作思路

首先在放映机的位置创建一个聚光灯，并使用投影贴图使聚光灯在幕布上投下一幅图片。然后对聚光灯应用体积光，使聚光灯产生可见的锥形光束。

1．创建灯光

（1）启动 3ds Max 2012 后，打开本书电子教学资源包上"场景"文件夹中的文件"场景6-2.max"。该文件提供的场景如图 6-43 所示。

（2）创建聚光灯。打开"创建/灯光"命令面板，单击"目标聚光灯"命令，在放映机的位置创建一个目标聚光灯。如图 6-44 所示，调整聚光灯的照射角度，使之照射到幕布上。

图 6-43   设置光效前的场景   图 6-44   创建聚光灯

（3）调整聚光灯的参数。选定聚光灯的光源点，然后打开"修改"面板，在"常规参数"的"阴影"栏中，勾选"启用"复选框。在"强度/颜色/衰减"卷展栏中，将"倍增"参数的值设置为 1。再在"聚光灯参数"卷展栏中，勾选"矩形"复选框，并将"聚光区"设置为 30，将"衰减区"设置为 32，其效果如图 6-45 所示。

（4）设置投影贴图。确定聚光灯光源被选定，在命令面板的"高级效果"卷展栏中，单击"投影贴图"中的"无"按钮，再在打开的材质/贴图浏览器中双击"位图"，然后选择本书电子教学资源包上的文件"任务相关文档\素材\变形金刚.jpg"作为投影贴图。

（5）将幕布的漫反射颜色调整为白色，渲染 Camera001 视图，其效果如图 6-46 所示。

图 6-45   聚光灯的照射范围   图 6-46   聚光灯的投影贴图效果

2．给聚灯光添加体积光

（1）确认聚光灯的光源点被选定，在命令面板中展开 "大气和效果"卷展栏，如图 6-47 所示，单击"添加"按钮，弹出 "添加大气或效果"对话框，如图 6-48 所示。

图 6-47 "大气和效果"卷展栏　　　　图 6-48 "添加大气或效果"对话框

（2）在"添加大气或效果"对话框中选择"体积光"，然后单击"确定"按钮。

（3）渲染 Camera001 视图，其效果如图 6-49 所示，可以看到聚光灯的锥形光晕。

3．调整体积光的参数

（1）调整体积光的密度。在"大气和效果"卷展栏中，选择"体积光"，然后单击"设置"按钮打开"环境和效果"对话框。在该对话框中的"体积光参数"卷展栏中，如图 6-50 所示，可设置体积光的有关参数。

图 6-49 为聚光灯添加体积光之后的效果　　　图 6-50 "体积光参数"卷展栏

（2）在"体积光参数"卷展栏中，将"密度"参数的值设置为 2。渲染 Camera001 视图，可以看出聚光灯光锥中的雾变得淡了一些，如图 6-51 所示。

图 6-51 减小体积光密度的效果

提示

设置了体积光之后，只有渲染透视图或摄像机视图，才能渲染出体积光效果，而渲染正视图（如顶视图、前视图、左视图等）和用户视图，则不能渲染出体积光效果。设置了体积光之后，会明显降低画面的渲染速度。

（3）设置体积光中的团状光斑。在"体积光参数"卷展栏中，将"密度"设置为 6。在"噪波"参数组中，勾选"启用噪波"复选框，设置"数量"为 1，"大小"为 5。渲染 Camera001 视图，其效果如图 6-52 所示。

图 6-52 设置"噪波"参数后的体积光效果

6.2.3 知识拓展：体积光的参数

1．另一种设置体积光的方法

在任务 15 中，我们设置体积光是在"修改"命令面板的"大气和效果"卷展栏中进行的。除此之外，还可以通过"渲染/环境"菜单来设置体积光。具体操作步骤如下所述。

（1）在视图中创建了灯光（可以是聚光灯，也可以是泛光灯或平行光）之后，选择"渲染/环境"菜单，弹出"环境和效果"对话框，其中的"大气"卷展栏如图 6-53 所示。

（2）单击"大气"卷展栏中的"添加"按钮，弹出"添加大气效果"对话框，如图 6-54

所示，在列表栏中选择"体积光"后，单击"确定"按钮。这时，在"大气"卷展栏的"效果"列表中，即显示出已添加的体积光，同时，在"大气"卷展栏的下方，增加了一个"体积光参数"卷展栏。

图 6-53 "大气"卷展栏　　　　　　图 6-54　"添加大气效果"对话框

（3）在"体积光参数"卷展栏中，单击"灯光"栏中的"拾取灯光"按钮，然后将光标移到视图中，单击想要应用体积光的灯光即可。

（4）在"体积光参数"卷展栏中，根据需要设置体积光的相关参数，最后关闭"环境和效果"对话框。

2．体积光的常用参数

（1）拾取灯光：单击该按钮后，再在视图中单击某个灯光，即可启用该灯光的体积光效果。

（2）移除灯光：单击该按钮，即可取消应用于某个灯光的体积光效果。

（3）雾颜色：设置组成体积光的雾的颜色，单击色块可设置雾颜色。

（4）衰减颜色：体积光经过灯光的近距衰减距离和远距衰减距离后，将从"雾颜色"渐变到"衰减颜色"。单击色块可设置衰减颜色。

（5）密度：设置体积光中雾的密度。该值越大，从体积光中反射的灯光就越多。

（6）噪波：设置启用和禁用噪波，以及噪波的类型、数量、大小等。其中的"相位"参数可用于设置体积光中雾的动画效果。

6.3　本章快捷键汇总

功　能	快　捷　键
显示/隐藏场景中的所有灯光	Shift + L
渲染帧窗口	F9
渲染设置	F10

6.4　拓展训练

6.4.1　室内光效

训练内容

为室内场景设置灯光，实现太阳光透过窗户照亮室内场景的效果，（具体效果请参见本书电子教学资源包上"拓展训练"文件夹中的文件"实训 6-1.max"），其渲染效果如图 6-55 所示。

图 6-55　室内光效

训练重点

（1）创建平行光和泛光灯。
（2）调整平行光的照射角度和泛光灯的位置。
（3）设置平行光的聚光区和衰减区。
（4）设置作为辅助照明的泛光灯的亮度。

操作提示

（1）启动 3ds Max 2012 后，打开本书电子教学资源包上"场景"文件夹中的文件"场景6-3.max"，渲染其中的 Camera001 视图，设置灯光之前的效果如图 6-56 所示。

图 6-56　设置灯光之前的渲染效果

（2）创建目标平行光。打开"创建/灯光"命令面板，单击"目标平行光"按钮，在前视图中创建一个目标平行光，使用移动工具调整目标平行光的位置和角度，使目标平行光的方向从室外照向室内，如图 6-57 所示。

图 6-57　平行光的位置和方向

（3）渲染 Camera001 视图，平行光的照明效果如图 6-58 所示。

（4）打开平行光的阴影选项。在命令面板的"常规参数"卷展栏中，勾选"阴影"栏中的"启用"复选框，并设置阴影类型为"光线跟踪阴影"。渲染 Camera001 视图，其效果如图 6-59 所示。

图 6-58　平行光的照明效果（一）

图 6-59　平行光的照明效果（二）

（5）创建用作辅助光的泛光灯。在"创建/灯光"命令面板中单击"泛光灯"按钮，在场景中创建一个泛光灯，如图 6-60 所示，在视图中调整泛光灯的位置。

图 6-60　泛光灯在场景中的位置

（6）渲染 Camera001 视图，这时整个场景都变得非常明亮。

（7）设置泛光灯的亮度。确认泛光灯被选择后，打开"修改"命令面板，在"强度/颜色/衰减"卷展栏中，将"倍增"参数的值设置为 0.7。再次渲染 Camera001 视图，其效果如图 6-61 所示。

从渲染结果中可以看出，天花板上的光线较暗。因此需要再创建一个专门照亮天花板的泛光灯。

（8）在场景中靠近地板的位置创建一个泛光灯。在"常规参数"卷展栏中，单击"排除"按钮，在打开的"排除/包含"对话框中，设置第二个泛光灯的包含对象为"天花板"。渲染 Camera001 视图，其效果如图 6-62 所示。

图 6-61　设置泛光灯后的照明效果

图 6-62　最后的室内照明效果

6.4.2　神秘的油灯

训练内容

本书电子教学资源包上"场景"文件夹中的"场景 6-4.max"文件提供了一个油灯模型，这里，要求为油灯添加有光晕的火焰效果，具体效果请参见本书电子教学资源包上"拓展训练"文件夹中的文件"实训 6-2.max"，其渲染效果如图 6-63 所示。

图 6-63　油灯

训练重点

（1）创建泛光灯。
（2）制作火焰特效。
（3）为泛光灯设置体积光效果。
（4）调整泛光灯的衰减参数。

操作提示

（1）启动 3ds Max 2012 后，打开本书电子教学资源包上"场景"文件夹中的文件"场景 6-4.max"，渲染 Camera001 视图，其效果如图 6-64 所示。

图 6-64　设置光效之前的场景

（2）制作油灯的火焰。单击"创建"命令面板中的"辅助对象"按钮 ，再在下拉列表中选择"大气装置"。这时，在"对象类型"卷展栏中出现了3个命令按钮，即长方体 Gizmo、球体 Gizmo、圆柱体 Gizmo。

（3）单击"球体 Gizmo"按钮，然后把光标移到顶视图中，拖动鼠标生成一个球形线框。在命令面板的"球体 Gizmo 参数"卷展栏中，将半径设置为4，并勾选"半球"复选框。

（4）单击工具栏中的 按钮，将半球形线框移到油灯嘴上方。再单击工具栏中的 按钮，在前视图中将半球形线框沿着 Y 轴适当放大，如图 6-65 所示。

图 6-65　球体 Gizmo 线框的形状和位置

（5）添加火焰特效。选择"渲染/环境"菜单，打开"环境和效果"对话框，在其中的"大气"卷展栏中单击"添加"按钮，再在弹出的对话框中选择"火效果"，并单击"确定"按钮。这时，"环境和效果"对话框的下半部即出现了"火效果参数"卷展栏，如图 6-66 所示。

（6）在 Gizmo 栏中，单击"拾取 Gizmo"按钮，再在视图中单击球体 Gizmo 线框。在"图形"栏中，设置火焰类型为"火舌"。再在"特性"栏中，将密度设置为60。渲染 Camera001视图，其效果如图 6-67 所示。

图 6-66　"火效果参数"卷展栏

图 6-67　火焰效果

下面，通过为泛光灯设置体积光效果，给燃烧的火焰加上光晕。

（7）打开"创建/灯光"命令面板，单击"泛光灯"按钮，在视图中创建一个泛光灯，将泛光灯移至油灯火焰的位置，如图 6-68 所示。

图 6-68　泛光灯的位置

（8）选择泛光灯，打开"修改"命令面板，在"大气和效果"卷展栏中，为泛光灯设置体积光，并在"环境和效果"对话框中，将体积光的雾颜色设置为橙色，将密度设置为 4。

渲染 Camera001 视图，结果显示出一片橙色，这是因为没有应用泛光灯的衰减参数，因此在泛光灯光线所到达的范围内，全部呈现出橙色的体积光效果。

（9）设置泛光灯的衰减效果。确认泛光灯被选择，在"修改"命令面板的"强度/颜色/衰减"卷展栏中，勾选"近距衰减"栏中的"使用"复选框，并将其中的"开始"和"结束"分别设置为 20 和 22。再勾选"远距衰减"栏中的"使用"复选框，并将其中的"开始"和"结束"分别设置为 25 和 40。

（10）再次渲染 Camera001 视图，可以看到在蜡烛火焰的周围，出现了一圈橙色光晕。

习题与实训 6

一、填空题

（1）3ds Max 2012 提供了 8 种类型的标准灯光，它们分别是：_____、_____、
_____、_____、_____、_____、
_____、_____。

（2）创建灯光应在_____命令面板中进行。

（3）如果想将某些对象排除在灯光之外，则应在_____卷展栏中，单击_____按钮。

（4）在室内场景中，通常使用_____来作为主灯，使用_____来作为辅助灯。

（5）如果想使灯光产生阴影效果，则应该在_____卷展栏中，选择"阴影"栏下的_____复选框。

（6）_____卷展栏中的"贴图"选项，用于设置贴图效果的阴影。

二、简答题

（1）简述创建聚光灯的操作步骤。

（2）怎样改变灯光的颜色？

（3）简述应用体积光的操作步骤。

三、上机操作

本书电子教学资源包"场景"文件夹中的"场景 6-5.max"文件中，提供了一个室外场景，要求为场景设置白天

阳光下的光效。具体效果请参见本书电子教学资源包上"拓展训练"文件夹中的文件"实训 6-3.max"，其渲染
效果如图 6-69 所示。

图 6-69　室外场景光效

第 7 章

摄 影 机

摄影机是 3ds Max 2012 中表现场景的重要工具，它就像人的眼睛一样，可以随意从不同的角度观察场景中的对象。创建摄影机之后可以将 4 个视图之一切换成摄影机视图，通过改变摄影机的位置和拍摄角度，或是变换摄影机的镜头和视域，就能从摄影机视图中观察到来自于同一场景的各种不同效果的构图画面。

在动画制作中，摄影机更是起着至关重要的作用，特写镜头、长镜头等都是通过摄影机来实现的。

本章重点介绍 3ds Max 2012 中创建摄影机的方法，以及摄影机常用参数的功能。

知识和技能	学习要求	
	了　解	掌　握
摄影机的类型	●	
创建摄影机		●
调整摄影机的观察视角		●
设置摄影机参数		●
摄影机特效	●	

7.1 任务16：使用摄影机取景——创建摄影机

7.1.1 预备知识1：3ds Max 2012的摄影机类型

在"创建"命令面板中，单击"摄影机"按钮 ，即可打开创建摄影机的命令面板，在其中的"对象类型"卷展栏中，列出了两个用于创建不同类型摄影机的命令，如图7-1所示。

1. 目标摄影机

目标摄影机由摄影机和目标点构成，如图7-2所示。目标摄影机可以非常方便地查看目标点周围的区域，只要将目标点定位在所需查看位置的中心，即可实现摄影机的定向。

图7-1 "创建/摄影机"命令面板

图7-2 目标摄影机

2. 自由摄影机

自由摄影机只有摄影机，没有目标点，如图7-3所示。自由摄影机只能查看摄影机指向的区域，使用移动和旋转工具可以实现自由摄影机的定向。与目标摄影机相比，自由摄影机虽然定向操作复杂一些，但却可以轻松地实现摄影机动画。制作摄影机沿路径移动的动画（场景游历）时，通常使用自由摄影机。

图7-3 自由摄影机

在场景中创建了摄影机之后，单击快捷键 C 可以使当前视图切换成摄影机视图。通常是将透视图切换为摄影机视图。

7.1.2　预备知识 2：摄影机的常用参数

创建并选择摄影机之后，单击命令面板上方的 按钮，即可在"修改"命令面板中设置和调整摄影机的有关参数。综合运用各种参数，可以实现传统照相机或摄影机的大多数功能，如变焦、广角镜头、望远镜头、景深等。

目标摄影机与自由摄影机的参数基本相同，下面以使用较多的目标摄影机为例，介绍摄影机的常用参数。

摄影机的"参数"卷展栏如图 7-4 所示。

镜头和视野　设置摄影机的镜头尺寸和视野角度。

镜头和视野可以说是摄影机最常用也是最重要的两个参数，它们直接关系到摄影机视图的画面效果。镜头的单位是毫米（mm），视野的单位是度（°），这两个参数是相关的，它们成反比关系，即镜头尺寸越小的摄影机，其视野越大，这就意味着能看到场景中更多的东西，反之，镜头尺寸越大，则视域就越小。当改变镜头参数的大小时，视野参数值会随之自动改变，反之亦然。

不同尺寸的镜头有不同的特点。默认的镜头尺寸为 43.456mm，相应的视野为 45°，这与人的正常视域相近。尺寸小于 43.456mm 的镜头可以产生比人的正常视域更宽阔的视野范围，这种镜头称为广角镜头，通过广角镜头看到的画面具有夸张的透视效果。广角镜头非常适合拍摄广阔的场景。尺寸在 48mm 以上的镜头可以拉近远处的场景，这种镜头称为长焦镜头或望远镜头。

在同一场景中，保持摄影机的位置和拍摄方向不变，而只变换镜头或视域，将会产生效果迥异的拍摄画面，如图 7-5 所示。

图 7-4　摄影机的"参数"卷展栏

（a）镜头=20mm

（b）镜头=50mm

图 7-5　不同镜头摄影机的拍摄效果

备用镜头　提供系统预设的一组标准摄影机镜头。在"备用镜头"栏中，列出了从 15mm 到 200mm 共 9 种摄影机镜头，直接单击标有镜头尺寸值的按钮，即可快速将镜头设置为指定值。

显示圆锥体　选择该复选框后，即使取消了对摄影机的选择，视图中也会显示代表该摄影机视域的锥形图标。

显示地平线　选择该复选框后，摄影机视图中会显示出一条地平线，该地平线可作为取景的参考。

剪切平面　用于设置摄影机的剪切平面，剪切平面以外的物体将不被渲染。

手动剪切　以手动的方式来设定摄影机切片功能。当禁用"手动剪切"时，摄影机将忽略近距和远距剪切平面的位置，渲染视野之内的所有几何体。

近距剪切　设置摄影机切片作用的最近范围，物体在此范围之内的部分不会显现于摄影机的场景中。

远距剪切　设置摄影机切片作用的最远范围，物体在此范围之外的部分不会显现于摄影机的场景中。

多过程效果　该选项的作用是对同一帧画面进行多过程渲染，最后准确得到摄影机的景深效果或运动模糊效果。选择"多过程效果"栏中的"启用"复选框，即可启动下面列表栏中的景深特效或运动模糊特效。在 7.2 节的任务 17 中，将具体介绍摄影机景深的实现方法。在第 9 章的粒子动画中，将介绍摄影机运动模糊特效的实现方法。

7.1.3　任务实施

 任务目标

（1）了解 3ds Max 2012 中摄影机的类型。
（2）掌握创建目标摄影机的方法，能够调整摄影机的观察视角。
（3）掌握摄影机的常用参数。
（4）了解摄影机视图控制按钮的功能。

任务描述

如图 7-6 所示，在室内场景中创建一个目标摄影机，并通过调整摄影机的位置和拍摄方向，实现室内场景不同角度的拍摄画面。具体效果请参见本书电子教学资源包上"任务相关文档"文件夹中的文件"任务 16.max"。

图 7-6　一个室内场景

制作思路

首先在场景中创建一个目标摄影机并将透视图切换成摄影机视图，然后调整摄影机的位置和拍摄角度，通过摄影机视图获得不同角度的取景效果。

操作步骤 ▶▶▶▶▶▶ **START**

1. 创建目标摄影机

（1）打开场景文件。启动 3ds Max 2012 后，打开本书电子教学资源包上"场景"文件夹中的文件"场景 7-1.max"。该文件提供了一个客厅场景。

（2）建立目标摄影机。单击"创建"命令面板中的"摄影机"按钮 📷，打开创建摄影机的命令面板。在"对象类型"卷展栏中单击"目标"按钮，在顶视图中拖放鼠标创建一个目标摄影机。

🔊**提示** •

单击快捷键 Ctrl + C 可以快速在场景中创建一个摄影机，并自动将透视图切换成摄影机视图。

注意观察视图中出现的目标摄影机图标，其中，位于摄影机锥形图标顶端的是摄影机，另一端则是以小矩形框表示的目标点。摄影机与目标点之间以一条直线相连。

（3）切换透视图为摄影机视图。单击透视图，再单击快捷键 C，这时透视图即变成了摄影机视图。其左上角显示出的视图名称"Camera001"，即为刚才创建的目标摄影机的名称。

从前视图和左视图中可以看出，摄影机的位置紧贴地板，所以摄影机视图的取景较差。下面，通过调整摄影机和目标点的位置，来调整摄影机的拍摄方向，现实室内场景不同角度的取景。

2. 调整摄影机的位置

（1）单击工具栏中的 ✛ 按钮，在前视图或左视图中，单击摄影机和目标点之间的连线（这样可以同时选中摄影机和目标点），然后向上拖动鼠标，使摄影机和目标点同时向上移动。在移动摄影机的过程中，注意观察 Camera001 视图，当摄影机的位置发生变化时，摄影机视图中的画面也随着改变。

（2）如图 7-7 所示，分别调整摄影机和目标点的位置，同时注意观察摄影机视图，以便获得较好的构图效果。

图 7-7 摄影机位置

渲染 Camera001 视图，其效果如图 7-8 所示。

（3）推拉摄影机。单击摄影机视图，再单击屏幕右下角视图导航区中的"推拉摄影机"按钮 ✚，然后将鼠标移到摄影机视图中，单击左键向下拖动鼠标，这时，可以从顶视图中观察到摄影机逐渐远离目标点，同时，摄影机视图中的场景由近及远。渲染 Camera001 视图，其效果如图 7-9 所示。

图 7-8　摄影机取景（一）

图 7-9　摄影机取景（二）

（4）如图 7-10 所示，再次调整摄影机和目标点的位置，使摄影机拍摄到客厅的另一侧。

图 7-10　调整摄影机的位置

渲染 Camera001 视图，其效果如图 7-11 所示。

（5）选定摄影机，然后打开"修改"命令面板，在"参数"卷展栏的"备用镜头"中，单击选择"24mm"镜头，这时，从视图中可以观察到摄影机的视野扩大了。渲染 Camera001 视图，其效果如图 7-12 所示。

图 7-11　摄影机取景（三）

图 7-12　摄影机取景（四）

7.1.4　知识拓展：摄影机视图的调整控制按钮

单击摄影机视图使之成为当前视图后，屏幕右下方的视图导航区中即会出现摄影机视图的调整控制按钮，如图 7-13 所示。单击其中一个按钮，然后在摄影机视图中拖动鼠标，即可轻松实现摄影机镜头的推拉、平移、摇动等效果。

图 7-13　摄影机视图的调整控制按钮

1. 📷 推拉摄影机

推拉摄影机按钮组中包含以下 3 个按钮。

（1）📷 推拉摄影机。该按钮的作用是沿着目标点与摄影机的连线推动摄影机，在推动过程中，画面的透视效果保持不变，而只是改变拍摄景物的远近效果。使用该按钮，可以制作出景物由近渐远或由远渐近的动画。

（2）📷 推拉目标。该按钮的作用是沿着目标点与摄影机的连线推动目标点，在推动目标点的过程中，摄影机视图保持不变。实际上，改变目标点的距离也就改变了默认的聚焦平面的距离，在运用景深效果时，可使用"推拉目标"按钮直观地调整聚焦平面。

（3）📷 推拉摄影机+目标。该按钮的作用是同时推动摄影机和目标点。

2. ◆ 透视

透视按钮的作用是对摄影机的镜头尺寸和视域进行微调，在保持拍摄主体不变的情况下，改变摄影机视图的透视效果。

3. 🎧 侧滚摄影机

侧滚摄影机按钮的作用是通过摇动摄影机，使摄影机视图产生水平面上的倾斜。

4. ▶ 视野

视野按钮的作用是改变摄影机视野的角度大小。

5. ✋ 平移摄影机

平移摄影机按钮的作用是同时移动摄影机和目标点。

6. 🔄 环游摄影机

环游摄影机按钮组中包含以下 2 个按钮。

（1）🔄 环游摄影机。该按钮的作用是以目标点为轴心转动摄影机。

（2）🔄 摇移摄影机。该按钮的作用是以摄影机为轴心，转动摄影机的目标点。

7.2　**任务** 17：特写镜头——摄影机景深特效

7.2.1　预备知识：摄影机的景深参数

3ds Max 的摄影机能够实现真实摄影机的景深特效。所谓景深，就是当焦点对准某一点时，其前后都仍清晰可见的范围。它能决定是把背景模糊化来突出拍摄对象，还是拍出清晰的背景。我们经常能够看到拍摄花、昆虫等的照片中，拍摄对象非常清晰而背景很模糊（称之为小景深），而在拍摄集体照、风景等照片时，则会把背景拍摄得和拍摄对象一样清晰（称之为大景深）。

3ds Max 摄影机的景深属于多过程效果。在摄影机的"参数"卷展栏中，勾选"多过程效果"栏中的"启用"复选框，并在"启用"下面的下拉列表中选择"景深"，即可在命令面板中显示出"景深参数"卷展栏，如图 7-14 所示。

（1）焦点深度：设置摄影机到聚焦平面的距离。如果勾选了"使用目标距离"复选框，那么聚焦深度就使用"参数"卷展栏末尾的"目标距离"值。如果取消了对"使用目标距离"复选框的选择，则可以在后面的"焦点深度"数值框中自行设置聚焦深度。

（2）显示过程：选择该复选框，则可观察到多过程渲染时每一次的渲染效果，从而看到景深特效的叠加产生过程。如果不选择该复选框，则是在多过程渲染全部完成之后，再显示出渲染的图像。

（3）使用初始位置：选择该复选框，多过程渲染的第一次渲染就从摄影机的当前位置开始。否则，则是根据采样半径中设置的数值来确定第一次渲染的位置。

图 7-14 "景深参数"卷展栏

（4）过程总数：设置多过程渲染的总次数。过程总数的值越大，景深特效图像的质量就越好，但渲染所花费的时间也就越长。

（5）采样半径：设置摄影机从原始位置移动的距离。采样半径的值越大，渲染得到的图像就越模糊，景深效果也越明显。需要注意的是，如果采样半径的值太大，则会使渲染图像发生变形。

7.2.2　任务实施

 任务目标

1．了解景深特效的特点。
2．掌握设置景深特效的方法。

 任务描述

使用摄影机"景深参数"卷展栏中的相关参数，渲染出具有景深特效的特写画面，如图 7-15 所示。具体效果请参见本书配套光盘上"任务相关文档"文件夹中的文件"任务 17.max"。

图 7-15　恐龙特写

制作思路

将聚焦平面设置在要特写的对象处，即可拍摄出该对象的特写画面。

操作步骤　　　　　　　　　　　　　　　　▶▶▶▶▶▶▶ START

1. 创建摄影机

（1）启动 3ds Max 2012 之后，打开本书配套光盘上"场景"文件夹中的文件"场景 7-2.max"。

（2）打开"创建/摄影机"命令面板，在顶视图中创建一个目标摄影机。

（3）激活透视图，按 C 键使该视图切换成摄影机视图。

（4）调整摄影机的位置。单击工具栏中的"选择并移动"按钮 ，在视图中移动摄影机和目标点的位置，使摄影机对准茶几上的恐龙近距离拍摄，同时，将摄影机的目标点移至恐龙的位置，如图 7-16 所示。渲染 Camera001 视图，可以看出，摄影机镜头内的所有对象都非常清晰，如图 7-17 所示

图 7-16　摄影机近距拍摄恐龙

图 7-17　启用景深之前的渲染效果

2. 启用景深效果

（1）在视图中选择摄影机，单击命令面板上面的按钮 ，打开"修改"命令面板。

（2）在"参数"卷展栏中，勾选"多过程效果"栏内的"启用"复选框。注意"启用"下面的下拉列表中缺省为"景深"。

（3）注意观察"景深参数"卷展栏中"焦点深度"栏的参数设置，在缺省的情况下启用了"使用目标距离"选项，因此聚焦平面位于摄影机的目标点处。

（4）在"景深参数"卷展栏中，将"采样半径"值设置为 1，渲染 Camera001 视图，结果如图 7-18 所示，可以看出，除恐龙之外的对象都变得模糊了。

（5）在"景深参数"卷展栏中，再将"采样半径"增大至2，然后渲染 Camera001 视图，这次模糊程度加强了，景深效果变得更加明显，如图 7-19 所示。

图 7-18 景深效果（一）　　　　　　　　图 7-19 景深效果（二）

（6）改变焦点深度。在顶视图中，将摄影机的目标点移至椅子处，再次渲染 Camera001 视图，可以看到椅子及旁边的对象变得清晰，而其余对象则变得模糊，如图 7-20 所示。

图 7-20 景深效果（三）

7.3 本章快捷键汇总

功　　能	快　捷　键
快速创建摄影机	Ctrl + C
切换成摄影机视图	C
显示/隐藏场景中的所有摄影机	Shift + C

7.4 拓展训练

7.4.1 室外场景取景

训练内容

在本书电子教学资源包上"场景"文件夹内"场景 7-3.max"文件提供的场景中，创建一个目标摄影机，通过调整摄影机的拍摄方向及镜头尺寸，分别产生室外场景不同视角的表现画面。

 训练重点

（1）创建目标摄影机。

（2）调整摄影机的拍摄角度和方向。

（3）设置摄影机的常用参数。

操作提示

（1）启动 3ds Max 2012 之后，打开本书电子教学资源包上"场景"文件夹中的文件"场景 7-3.max"。

（2）单击快捷键 Ctrl + C 在场景中创建一个摄影机。

（3）产生场景的俯视图。调整摄影机的位置和拍摄方向，使摄影机从上往下拍摄，如图 7-21 所示。这时，摄影机视图的渲染效果如图 7-22 所示。

图 7-21　摄影机的俯视角度

图 7-22　场景俯视图

（4）场景的局部特写。调整摄影机的位置，使摄影机近距拍摄亭子，摄影机视图的渲染效果如图 7-23 所示。

（5）产生广角画面。在视图中选择摄影机，然后在"修改"命令面板的"参数"卷展栏中，设置"备用镜头"为 15mm。再次调整摄影机的位置，使摄影机正对楼房拍摄，其效果如图 7-24 所示。

图 7-23　亭子特写

图 7-24　广角画面

（6）产生景深特效画面。调整摄影机的位置，使摄影机对着一张椅子，在摄影机的"参数"卷展栏中，启用"多过程效果"复选框，再在"景深参数"卷展栏中设置"采样半径"为 5。这时摄影机的渲染效果如图 7-25 所示。

图 7-25　景深特效

7.4.2　摄影机动画

训练内容

参照本书电子教学资源包上"拓展训练"文件夹中的文件"实训 7-2.avi"，制作一个推拉摄影机的动画，使拍摄画面逐渐由近及远，其静态渲染图如图 7-26 所示。

图 7-26　推拉摄影机画面

训练重点

（1）摄影机视图控制按钮的使用。

（2）制作简单的摄影机动画。

操作提示

（1）打开本书电子教学资源包上"场景"文件夹中的文件"场景 7-4.max"，该场景中已经创建了一个摄影机。

（2）单击位于摄影机视图下方的"自动关键点"按钮，使之变成红色，然后向右拖动时间滑块到第 100 帧的位置。

（3）单击 Camera001 视图，再单击屏幕右下角的"推拉摄影机"按钮 ，然后把光标移到 Camera001 视图中，按下左键后向下拖动鼠标，注意观察摄影机视图，可以看到镜头逐渐拉远。当画面如图 7-27 所示时，即可释放鼠标左键。

图 7-27　拉远摄影机

（4）单击"自动关键点"按钮使之恢复成灰色，结束动画的录制。

（5）单击动画控制区中的"播放动画"按钮 ▷，从 Camera001 视图中预览动画的效果。

（6）渲染动画。激活 Camera01 视图，再单击位于工具栏右侧的"渲染设置"按钮 渲染动画。

习题与实训 7

一、填空题

（1）3ds Max 2012 提供了_____种类型的摄影机，即_____和_____。

（2）创建摄影机时，先要打开_____命令面板。

（3）创建摄影机的快捷键是_____。

（4）如果要修改目标摄影机的参数，则应选择_____，然后打开"修改"命令面板。

（5）创建了摄影机之后，可单击快捷键_____键将当前视图切换为摄影机视图。

（6）如果想要隐藏场景中的摄影机，则可单击快捷键_____。

（7）如果要对摄影机视图运用景深特效，则应在摄影机的"参数"卷展栏中勾选_____复选框。

（8） 按钮的作用是_____， 按钮的作用是_____。

二、简答题

（1）改变摄影机镜头尺寸的方法有哪些？

（2）什么是广角镜头？广角镜头主要用于哪些场合？

（3）什么是望远镜头（长焦镜头）？望远镜头主要用于哪些场合？

（4）"景深参数"卷展栏中"采样半径"参数的作用是什么？

三、上机操作

参照本书电子教学资源包上"拓展训练"文件夹中的文件"实训 7-3.avi"，使用"摇移摄影机"按钮 制作环视场景的动画。

第8章

动 画 制 作

内容导读

　　3ds Max 2012 提供了很多创建动画的方法，以及大量用于管理和编辑动画的工具。例如，可以为对象的位置、旋转和缩放制作动画，可以为几乎所有能够影响对象的形状与外表的参数设置制作动画，可以创建对象之间的链接关系并制作正向运动或反向运动的动画，等等。此外，还可以在轨迹视图中编辑动画。

知识和技能	学 习 要 求	
	了　　解	掌　　握
动画的基本创建方法		●
制作关键帧动画		●
曲线编辑器	●	
建立链接		●
使用正向运动学设置动画		●
访问动画控制器	●	
制作路径约束动画		●
制作变形动画		●

8.1 任务18：文字飞入画面——使用自动关键点模式制作基本动画

8.1.1 预备知识：动画基础

动画的产生是利用人眼睛的视觉暂留原理完成的，这与电影和电视的原理完全一样，只不过电影和电视是通过摄影机拍摄出一系列连续的动作画面，而动画则是通过手工或计算机绘制出连续的动作画面。当每秒变化的画面超过15幅时，连续画面就会在人的眼睛里产生动画影像。

1. 帧

帧是指构成连续动画的每一幅单独的画面。当一组连续变化的画面以每秒15帧以上的速度播放时，就形成了动画的视觉效果。

2. 关键帧与关键点

一个动画是由一组画面构成的，在3ds Max中制作动画时，并不需要逐一制作出所有的画面，而是只需设计出动作从一种状态变为另一种状态的转折点所在的画面，这种画面就是关键帧。两个关键帧之间的画面称为中间帧，3ds Max将自动生成中间帧，从而得到一个动作流畅的动画。

关键帧记录场景内对象或元素每次变换的起点和终点，这些关键帧的值称为关键点。

需要注意的是，能够形成动画的因素不仅仅有对象位置的移动，实际上，在3ds Max中可以改变的任何参数，包括位置角度、大小比例、各类参数、材质特征，等等，都可以被设置成动画。

设置了关键帧之后，可以在时间轴上观察到关键点标记。移动对象产生的关键点标记为红色，旋转对象产生的关键点标记为绿色，缩放对象产生的关键点标记为蓝色。

3. 动画时间

时间是动画中的一个重要因素，不同的帧分布在时间轴上的不同位置。在默认的情况下，3ds Max 2012的时间单位为帧，动画总长度为100帧，即从第0帧开始至第100帧结束，动画播放的速度（帧速率）为每秒30帧。从一个关键帧到下一个关键帧之间的帧数，即可反映一个动作变化成另一个动作所经历的时间长短，即动作的快慢。

单击动画控制区中的 按钮，即可弹出"时间配置"对话框，如图8-1所示，在该对话框中可以设置帧速率和动画长度等时间参数。

帧速率　该参数栏用于设置动画的播放速度，其中包含以下4

图8-1　"时间配置"对话框

个选项：

NTSC　该选项表示采用美国录像播放制式标准，其帧速率为 30 帧/秒（FPS）。

电影　该选项表示采用电影播放制式标准，其帧速率为 24FPS。

PAL　该选项表示采用欧洲录像播放制式标准，其帧速率为 25FPS。

自定义　选择该选项后，即可在下面的 FPS 框中输入数值，自定义帧速率。

时间显示　指定不同的时间显示格式。

帧　完全使用帧显示时间，这是默认的显示模式。

SMPTE　使用电影电视工程师协会格式显示时间。SMPTE 格式从左到右依次显示分钟、秒和帧，其间用冒号分隔开来。例如，"5:16:18"表示 5 分钟、16 秒和 18 帧。

帧:TICK　使用帧和程序的内部时间增量（称为"TICK"）显示时间。

分:秒:TICK　以分钟、秒和 TICK 显示时间，其间用冒号分隔。

动画　该参数栏用于设置动画长度以及活动时间段等参数。

开始时间和结束时间　分别用于设置活动时间段的起始帧和终止帧。活动时间段是指当前可以访问的帧的范围，默认范围是从第 0 帧到第 100 帧。对于一个总帧数太多的动画，如果暂时只想处理其中的某一部分，那么为了方便操作，就可以将想要处理的这部分帧设置成活动时间段。

长度　在该数值框中可设置动画长度（即动画包含的总帧数）。默认的动画总帧数为 101 帧。

4．时间滑块

视图区下方的时间滑块上显示了当前动画时间，并且可以通过它移动到活动时间段中的任何时间上。例如，时间滑块 `< 27 / 100 >` 表示当前时间为第 27 帧，活动时间段的长度为 100 帧。

单击时间滑块左右两侧的箭头按钮，或是在时间滑块任意一侧的空白轨迹处单击，均可更改当前动画时间。

5．轨迹栏

轨迹栏位于时间滑块下方，如图 8-2 所示，其中提供了显示帧数（或相应的显示单位）的时间线。轨迹栏可以显示一个或多个选定对象的动画关键点，位移、旋转和缩放关键点分别显示为红色、绿色和蓝色，修改器等参数关键点则显示为灰色。可以在轨迹栏中移动、复制和删除关键点。

图 8-2　轨迹栏

6．动画控件

动画控件位于 3ds Max 窗口底部，如图 8-3 所示。

图 8-3　动画控件

动画控件中常用按钮的功能介绍如下。

设置关键点 为所选对象创建关键点。使用"设置关键点"可以控制关键点的内容以及关键点的时间。

自动关键点 该按钮被按下时为启用状态，这时按钮呈红色显示，同时时间滑块及活动视图的边框也显示为红色。该按钮处于启用状态时，所有位置、旋转和缩放的更改都设置成关键帧。当该按钮处于禁用状态时，这些更改将应用到第 0 帧。

转至开头 单击该按钮后，时间滑块会移动到活动时间段的第一帧。

上一帧 单击该按钮后，时间滑块将移到当前帧的前一帧。

播放动画 该按钮用于在活动视图中播放动画。动画播放期间，该按钮会被 （停止动画）按钮所取代，单击 按钮即可停止播放动画。

按下 按钮不释放，可以弹出另一个选项，即 （播放选定对象）按钮，该按钮的作用是在活动视图中播放所选对象的动画。

下一帧 单击该按钮后，时间滑块将移到当前帧的下一帧。

转至结尾 单击该按钮后，时间滑块会移动到活动时间段的最后一帧。

关键点模式切换 单击该按钮后， 按钮会变成 （上一关键点）按钮， 按钮会变成 （下一关键点）按钮。这时，单击 和 按钮即可让时间滑块在关键帧之间直接跳转。

当前帧数值框 该数值框用于设置当前帧。在该数值框中输入数值并按回车键后，时间滑块即可直接移到该数值所指定的帧。

8.1.2 任务实施

任务目标

（1）理解 3ds Max 实现动画的原理。
（2）掌握使用自动关键点模式自动设置关键帧的方法。

任务描述

制作文字飞入画面的动画。整个动画总帧数为 121 帧，从 0 至 50 帧，文字从屏幕的左边横穿到屏幕的右边直至看不见；从 51 至 100 帧，文字从摄影机镜头外径直飞入画面内；从 101 至 120 帧，文字定位不动。具体效果请参见本书电子教学资源包上"任务相关文档"文件夹中的文件"任务 18.max"和"任务 18.avi"，其静态渲染图如图 8-4 所示。

图 8-4 文字飞入画面

制作思路

（1）飞入画面的文字模型有两个动作，一是从屏幕的左边横穿至屏幕右边，二是沿摄影机拍摄的方向从摄影机镜头外飞入镜头内。在该动画中，可以使用自动关键点模式，在不同的时间点上设置文字模型动作变换前后的 4 个不同位置，即文字在第 0 帧、第 50 帧、第 51 帧和第 100 帧的位置，而中间的移动过程则由系统自动生成。

（2）通过设置渲染背景的方式，来设置动画的背景画面。

操作步骤 ▶▶▶▶▶▶▶ **START**

1．打开场景文件

启动 3ds Max 2012 之后，打开本书电子教学资源包上"场景"文件夹中的文件"场景 8-1.max"，其中已创建了一个三维文字模型"城市新闻"并架好了摄影机，如图 8-5 所示。

图 8-5 "城市新闻"场景

2．设置动画的时间长度

单击动画控制区中的 按钮，打开"时间配置"对话框。在该对话框中，将"长度"设置为 120，如图 8-6 所示。

图 8-6 设置动画长度

3. 制作动画

（1）单击 Camera001 视图下方的"自动关键点"按钮或单击快捷键 N ，使该按钮变成深红色，进入动画录制状态。

（2）确认当前帧为第 0 帧，单击工具栏中的 按钮，在前视图中单击选择三维文字，将三维文字沿 X 轴方向水平向左移动至摄影机的镜头之外，如图 8-7 所示。

（3）向右拖动时间滑块到第 50 帧的位置，然后在前视图中将三维文字水平向右移动至摄影机的镜头之外，如图 8-8 所示。

图 8-7　文字在第 0 帧处的位置　　　　　图 8-8　文字在第 50 帧处的位置

（4）拖动时间滑块到第 51 帧，然后在顶视图中将文字移到摄影机的后面，如图 8-9 所示。这时，从 Camera001 视图中看不见三维文字。

（5）拖动时间滑块到第 100 帧，然后在顶视图中将三维文字沿 Y 轴移到摄影机的正前方，如图 8-10 所示。在移动三维文字的过程中，可以从 Camera001 视图中看到三维文字逐渐从摄影机镜头外径直进入摄影机镜头内。

图 8-9　文字在第 51 帧处的位置　　　　　图 8-10　三维文字在第 100 帧处的位置

（6）单击"自动关键点"按钮，使之由深红色恢复成灰色，结束动画的录制。

4. 预览动画

单击 Camera001 视图，再单击屏幕下方动画控制区中的 按钮或单击快捷键 / ，从 Camera001 视图中预览动画效果。再次单击快捷键 / 可停止播放动画。

5. 渲染动画

（1）设置渲染背景。选择"渲染/环境"菜单，打开"环境和效果"对话框。在"背景"

栏中，单击"无"按钮，再在弹出的"材质/贴图浏览器"中，双击"位图"。选择本书电子教学资源包上的文件"任务相关文档\素材\人南立交.jpg"为位图文件。

（2）渲染动画。激活 Camera001 视图，单击位于工具栏右侧的"渲染设置"按钮 ，或单击快捷键 F10，弹出 "渲染设置"对话框，如图 8-11 所示。

图 8-11 "渲染设置"对话框

（3）在该对话框的"时间输出"栏中，选择"活动时间段"选项，表示渲染的范围从第 0 帧至第 120 帧。

（4）在"渲染输出"栏中，单击"文件"按钮，再在弹出的对话框中选择要保存动画文件的路径，并输入动画文件的文件名"任务 18.avi"，最后单击"保存"按钮返回"渲染设置"对话框。

（5）单击对话框底部的"渲染"按钮，开始逐帧渲染动画。动画渲染完成后，即可关闭"渲染设置"对话框。

（6）查看动画文件。选择"渲染"菜单，再在弹出的下拉菜单中选择"查看图像文件"命令。在弹出的对话框中选择刚才生成的动画文件"任务 18.avi"，再单击"打开"按钮，即可观看到动画效果。

8.1.3　知识拓展：查看关键点

在视图中选择一个设置了动画的对象之后，轨迹栏中会显示出该对象所有的关键点标志。可以在轨迹栏中非常方便地移动、复制和删除关键点。

1．在轨迹栏中移动或复制关键点

（1）在轨迹栏中单击选择一个关键点。
（2）单击鼠标左键，沿轨迹栏拖动鼠标，即可移动关键点。
（3）单击快捷键 Shift 的同时拖动鼠标，即可复制关键点。

2．在轨迹栏中删除关键点

（1）在轨迹栏中单击选择一个关键点。
（2）单击快捷键 Delete 即可删除所选关键点。

8.2　**任务** 19：向前蹦跳的青蛙——使用曲线编辑器

8.2.1　预备知识：曲线编辑器

3ds Max 提供了"轨迹视图"，用于查看和修改场景中的动画数据。轨迹视图有两种不同的模式，其中一种就是"曲线编辑器"。在曲线编辑器模式下，动画显示为图形化的功能曲线。

单击工具栏中的 按钮，即可打开"轨迹视图-曲线编辑器"。相比以前的版本，3ds Max 2012 对曲线编辑器进行了一定的更新。其操作界面主要分为 4 个部分，即：菜单栏、工具栏、控制器窗口、关键点窗口，如图 8-12 所示。

图 8-12　"轨迹视图-曲线编辑器"窗口

1．工具栏

工具栏中主要包括一组用于编辑关键点的按钮，其中常用按钮的功能介绍如下。

移动关键点　单击该按钮后，可在关键点窗口中移动所选关键点的位置。

绘制曲线　单击该按钮后，可在编辑窗口中直接绘制动画曲线。

插入关键点　单击该按钮后，可在关键点窗口的动画曲线上单击鼠标增加关键点。

区域工具　使用该工具可以在矩形区域中移动和缩放关键点。

平移　单击该按钮后，可以在关键点窗口中拖动手形光标，平移其中显示的内容，以方便用户编辑操作。

水平方向最大化显示　单击该按钮后，将在水平方向上以最大化的形式显示出动画曲线。

最大化显示值　单击该按钮后，将在垂直方向上以最大化的形式显示出动画曲线。

缩放　单击该按钮后，可以在关键点窗口中拖动鼠标，对动画曲线缩放显示。

缩放区域　单击该按钮后，可以缩放关键点窗口的局部区域。

将切线设置为自动　单击该按钮后，将所选关键点设置为自动切线。可以在关键点窗口中通过关键点两端的控制柄来调整关键点前后的曲线弯曲程度。

将切线设置为样条线　将所选关键点设置为样条线切线，可以分别调整关键点两端的控制柄。

将切线设置为快速　将所选关键点前后的动画曲线设置为加速变化的效果。

将切线设置为慢速　将所选关键点前后的动画曲线设置为减速变化的效果。

将切线设置为阶梯式　将所选关键点前后的动画曲线设置为阶梯状的变化效果。

将切线设置为线性　将所选关键点前后的动画曲线设置为直线的变化效果。

将切线设置为平滑　将所选关键点前后的动画曲线设置为平滑过渡的变化效果。

2．控制器窗口

曲线编辑器窗口的左边是控制器窗口，其中以层级列表的方式列出了场景中的所有对象及其动画特性。

3．关键点窗口

在关键点窗口中，可以移动或复制动画关键点、修改关键点的属性以及调整动画曲线。在控制器窗口中选择的项目不同，关键点窗口内就会显示出不同的内容。

8.2.2　任务实施

任务目标

（1）熟悉轨迹视图-曲线编辑器。
（2）掌握在轨迹视图-曲线编辑器中编辑关键点的方法。
（3）掌握动画过程中重复动作的设置方法。

任务描述

制作青蛙在地面上向前蹦跳的动画，具体效果请参见本书电子教学资源包上"任务相关文档"文件夹中的文件"任务19.max"和"任务19.avi"，其静态效果如图 8-13 所示。

图 8-13　蹦跳的青蛙

制作思路

使用轨迹视图-曲线编辑器编辑关键点，形成青蛙蹦跳时加速下落的动画效果，同时，还运用曲线编辑器的超出范围类型功能，自动生成青蛙反复向前跳动的动画。

1. 设置动画的时间长度

（1）启动 3ds Max 2012 之后，打开本书电子教学资源包上"场景"文件夹中的文件"场景 8-2.max"，该文件提供了一个卡通青蛙的场景。

（2）单击动画控制区中的 按钮，打开"时间配置"对话框。在该对话框中，将"长度"设置为 120。

2. 设置青蛙向前蹦跳一次的动作

（1）单击"自动关键点"按钮，开始动画的录制。

（2）向右拖动时间滑块到第 20 帧的位置，再单击工具栏中的 按钮，在前视图中将青蛙向右上方移动一定的距离，形成青蛙向前跳起的状态，如图 8-14 所示。

图 8-14 青蛙在第 20 帧时的位置

（3）继续向右拖动时间滑块到第 40 帧的位置，再在前视图中将青蛙向右下方移动，使青蛙向前落回到地面上。

（4）再次单击"自动关键点"按钮，结束动画的录制。这时，可以从时间滑块所在的轨迹栏上，观察到第 0 帧、第 20 帧和第 40 帧的位置分别出现了一个红色的位移关键点标志。

（5）单击动画控制区中的 按钮，从 Camera001 视图中观察动画的效果。可以看出，青蛙在第 0 帧到第 40 帧的时间范围内在地面上匀速向前跳动一次，而在第 40 帧之后的时间里则静止不动。

下面，我们将使用"轨迹视图-曲线编辑器"编辑关键点，形成青蛙加速下落并反复向前蹦跳的动作。

3. 使用"轨迹视图-曲线编辑器"

（1）选择青蛙后，单击工具栏中的 按钮，打开"轨迹视图-曲线编辑器"窗口，如图 8-15 所示。其中，关键点窗口中显示的蓝色曲线表示青蛙在 Z 轴上的位移变化，红色曲线表示青蛙在 X 轴上的位移变化。

图 8-15　"轨迹视图-曲线编辑器"窗口

（2）在曲线编辑器的关键点窗口中，单击选择蓝色曲线顶部第 20 帧处的关键点，使它变成白色激活状态。再单击曲线编辑器工具栏中的"将切线设置为快速"按钮 ■，这时蓝色曲线的变化如图 8-16 所示。

图 8-16　改变曲线类型

（3）再次从 Camera001 视图中预览动画效果，青蛙的下落和弹起动作变得更加真实自然了。

下面，我们将继续运用"轨迹视图-曲线编辑器"，在整个动画的时间范围内，自动生成青蛙向前跳动的重复动作。

4．生成青蛙向前蹦跳的重复动作

（1）在"轨迹视图-曲线编辑器"对话框中，选择"控制器/超出范围类型"菜单，弹开"参数曲线超出范围类型"对话框，如图 8-17 所示。

图 8-17　"参数曲线超出范围类型"对话框

在该对话框中提供了 6 种参数曲线超出范围类型，每种类型下面的 ![按钮] 按钮，可使当前范围的功能曲线向左边扩展，而 ![按钮] 按钮则可使当前范围的功能曲线向右边扩展。

（2）在该对话框中单击选择"相对重复"类型，再单击"确定"按钮。这时蓝色曲线和红色曲线的变化如图 8-18 所示，在第 40 帧至第 120 帧的时间段内，蓝色曲线以虚线方式循环出现了 2 次，而红色曲线的走向则表示青蛙在 X 轴方向上一直向前递进。

图 8-18　使用"相对重复"类型后的曲线

（3）关闭"轨迹视图-曲线编辑器"窗口，再从 Camera001 视图中预览青蛙的动画效果，可以看到青蛙在整体动画的时间范围内重复向前跳动了 3 次。

（4）激活 Camera001 视图后，单击工具栏中的 ![按钮] 按钮并渲染动画。最后，选择"渲染/查看图像文件"菜单，播放动画文件。

8.3　任务 20：行驶的小车——使用正向运动学设置动画

8.3.1　预备知识：建立链接

将一组对象链接在一起形成一种层次关系，是 3ds Max 提供的非常有用的动画工具之一。通过将一个对象与另一个对象相链接，可以创建父子关系。应用于父对象的变换会同时传递给子对象。

1．父对象和子对象

如果把 A 对象链接到 B 对象上，那么，B 对象就是父对象，而 A 对象则是子对象。一个子对象只能有一个父对象，但一个父对象却可以有多个子对象。子对象将继承父对象的运动。

（1）建立链接的方法

① 在工具栏上单击"选择并链接"按钮 ![按钮] 。

② 选择一个或多个对象作为子对象，然后将链接光标从所选对象处拖到单个父对象上，选定对象即可成为父对象的子对象。

（2）取消链接的方法

在两个对象之间建立了链接关系后，如果想取消这种链接关系，则可以按以下步骤操作进行。

① 选择要取消链接关系的子对象。

② 再次单击工具栏中的 按钮即可。

2. 层次

一个子对象同时也可以是另一个对象的父对象，即可以把 A 对象链接到 B 对象上，再把 C 对象链接到 A 对象上。这种呈树状结构的多层链接关系，就称为层次。单击命令面板上方的 按钮，即可在层次面板中进行有关层次的操作。

3. 正向运动学

建立了两个对象之间的链接关系之后，首先设置父对象运动的动画，然后再设置子对象运动的动画，这样，子对象在继承父对象运动的过程中，也保持着自身的运动。这种动画就称为正向运动的动画。

8.3.2　任务实施

任务目标

（1）理解链接技术。

（2）能够使用正向运动学设置动画。

任务描述

制作一辆卡通小车行驶的动画。具体效果请参见本书电子教学资源包上"任务相关文档"文件夹中的文件"任务 20.max"和"任务 20.avi"，其静态渲染图如图 8-19 所示。

图 8-19　行驶的小车

制作思路

将车轮链接到车身上，然后分别设置车身的移动动画和车轮的旋转动画。车轮随车身向前移动的同时，保持自身的旋转动作。

操作步骤　　　　⟫⟫⟫⟫⟫⟫ **START**

1. 建立链接

（1）启动 3ds Max 2012 之后，打开本书电子教学资源包上"场景"文件夹中的文件"场景 8-3.max"，该文件场景中提供了一辆卡通小车。

（2）将车轮链接到车身。单击工具栏中的 🔗 按钮，再在前视图中将光标移到轮子处，按下鼠标左键后朝"车身"处拖动鼠标，将代表链接的虚线拖到"车身"上，如图 8-20 所示。单击鼠标左键后，即完成了链接操作。

图 8-20　将轮子链接到车身上

（3）使用相同的方法，分别将另外三个轮子链接到车身上。

2．制作动画

（1）单击"自动关键点"按钮，开始动画的录制。

（2）向右拖动时间滑块到第 100 帧的位置，然后单击工具栏中的 ✛ 按钮，在前视图中单击选择"车身"后，沿着 X 轴向右拖动"车身"，使小车驶出 Camera001 视图。可以看出，当"车身"向右移动时，车轮也随之移动。

（3）单击工具栏中的 🔄 按钮，再单击工具栏中的 🧲 按钮打开角度捕捉。然后在前视图中，将轮子绕 Z 轴沿顺时针方向旋转-900°。

（4）用相同的方法，在第 100 帧的位置，在前视图中将另外 3 个轮子绕 Z 轴沿顺时针方向旋转-900°。

（5）再次单击"自动关键点"按钮，结束动画的录制。

（6）单击动画控制区中的 ▷ 按钮，从 Camera001 视图中观察动画效果。

（7）激活 Camera001 视图后，单击工具栏中的 🖼 按钮设置并渲染动画。最后，选择"渲染/查看图像文件"菜单，播放动画文件。

8.4　**任务** 21：场景游历——路径动画

8.4.1　预备知识：动画控制器

1．控制器

3ds Max 提供了一系列动画控制器来处理各类动画任务。访问控制器的方法如下：

（1）选择一个要应用控制器的对象。

（2）单击命令面板上方的 ⊙ 按钮，打开"运动"面板。

（3）在命令面板中展开"指定控制器"卷展栏，如图 8-21 所示。在"变换"下拉菜单中选择要应用控制器的选项，包括位置、旋转和缩放。

图 8-21 "指定控制器"卷展栏

（4）在"指定控制器"卷展栏中，单击左上角的"指定控制器"按钮 ，弹出"指定控制器"对话框。在其中选择需要的控制器后，单击"确定"按钮即可。

2．路径约束

路径约束控制器的作用是将一个对象约束在一条指定的样条线路径上产生位移。路径约束控制器是最常用的动画控制器之一，它的典型应用是制作摄影机的游历动画。在下面的任务实施中，将详细介绍路径约束控制器的使用方法。

8.4.2 任务实施

 任务目标

（1）掌握访问控制器的方法。

（2）掌握路径约束控制器的使用方法。

 任务描述

场景游历是动画片中的经典镜头。对摄影机应用路径约束控制器，就可以轻松制作出场景游历动画。本任务要求在一个现有的场景中制作游历动画。具体效果请参见本书电子教学资源包上"任务相关文档"文件夹中的文件"任务 21.max"和"任务 21.avi"，其静态渲染图如图 8-22 所示。

图 8-22 场景游历

227

制作思路

（1）在场景中绘制一条样条线作为游历的路径。

（2）创建一个自由摄影机，并对该摄影机应用路径约束控制器，将绘制的样条线作为摄影机的运动路径。

操作步骤　　　　　　　　　　　　　　　　　　　　　　　▶▶▶▶▶▶▶ START

1．创建自由摄影机

（1）启动 3ds Max 2012 后，打开本书电子教学资源包上"场景"文件夹中的文件"场景8-4.max"。该文件提供了一个小型的室外场景。

（2）创建自由摄影机。打开"创建/摄影机"命令面板，使用其中的"自由"命令，在左视图中创建一个自由摄影机。

（3）在命令面板的"参数"卷展栏中，将其镜头设置为 28mm。单击透视图使之成为当前视图，再单击快捷键 C 将它切换成摄影机视图。

2．绘制自由摄影机的路径

（1）绘制路径。打开"创建/图形"命令面板，使用其中的"线"命令，如图 8-23 所示，在顶视图中沿着场景里的小道绘制摄影机的行进路径。

（2）编辑路径。选择绘制的样条线，打开"修改"命令面板，进入"顶点"编辑层级。使用命令面板中的"圆角"命令，使样条线的两个转角变为圆角，如图 8-24 所示。

图 8-23　摄影机的行进路径

图 8-24　编辑路径

3．应用路径约束

（1）设置动画时间。单击动画控制区中的 ▦ 按钮，打开"时间配置"对话框。在该对话框中，将"长度"设置为 300。

（2）给摄影机指定路径约束控制器。在视图中选择自由摄影机，然后单击命令面板上方的 ▣ 按钮，打开"运动"面板。在其中展开"指定控制器"卷展栏，选择其中的"位置"，然后单击卷展栏左上方的 ▣ 按钮，弹出"指定位置控制器"对话框，如图 8-25 所示。选择"路径约束"并单击"确定"按钮。

（3）在"运动"命令面板的"路径参数"卷展栏中，单击"添加路径"按钮，再在视图中单击选择刚才绘制的样条线，使它成为摄影机的运动路径。

（4）在命令面板的"路径参数"卷展栏中，勾选"跟随"复选框。

图 8-25　"指定位置控制器"对话框

（5）调整路径的高度。从摄影机视图中可以看出摄影机的位置较低，这是因为创建的路径样条线是紧贴在地面上的。在顶视图中选择作为路径的样条线，然后在前视图或左视图中将样条线沿 *Y* 轴适当上移，同时注意观察摄影机视图的变化，如图 8-26 所示。

图 8-26　调整路径高度前后摄影机视图的对比

（6）单击动画控制区中的 ▷ 按钮，从 Camera001 视图中观察动画效果。

（7）激活 Camera001 视图后，单击工具栏中的 按钮并渲染动画。最后，选择"渲染/查看图像文件"菜单，播放动画文件。

8.4.3　知识拓展：路径约束控制器的参数

给对象指定了运动路径之后，可在"运动"命令面板的"路径参数"卷展栏中，设置有关的参数，如图 8-27 所示。

%沿路径　指定对象沿着路径运动的百分比。

给对象指定了一个运动路径之后，系统将把当前动画范围的起始帧和终止帧设置为两个关键帧。其中，起始帧记录了对象在路径起点的状态，在起始帧处，"%沿路径"值为 0%；终止帧则记录了对象在路径终点的状态，在终止帧处，"%沿路径"值为 100%。如果在当前动画范围内，只需要对象从路径的起点移到路径的中间某个位置，则应在当前动画范围的终止帧处，将"%沿路径"的值设置为 0 到 100 之间的某个值。

图 8-27 "路径参数"卷展栏

跟随 设置对象的某个局部坐标系与运动的轨迹线相切。

与轨迹线相切的默认轴是 X 轴，可以在"路径参数"卷展栏底部的"轴"栏中，设置与运动轨迹线相切的轴向。跟随是一个非常有用的选项，它可以使对象沿着路径运动时，自动根据路径曲线的变化而调整自己的方向。

倾斜 使对象局部坐标系的 Z 轴朝向轨迹曲线的中心。

在弯道上骑摩托车时，摩托车会朝弯道内侧倾斜。利用"倾斜"选项，就可以产生这种对象在转弯处倾斜的效果。

只有选择了"跟随"选项后才能选择"倾斜"选项。对象倾斜的程度可由"倾斜量"参数设置，该参数值越大，对象就倾斜得越厉害。

删除路径 取消已经指定给对象的运动路径。在视图中选择指定了运动路径的对象后，然后在运动命令面板的"路径参数"卷展栏中，单击"删除路径"按钮即可。

8.5 **任务** 22：开放的花朵——变形动画

8.5.1 预备知识：变形动画

变形动画是指模型外形的变化。使用"变形器"修改器或创建变形复合对象，均可制作变形动画。

变形的原始对象称为种子或基础对象,种子对象变形成的对象称为目标对象。可以对一个种子执行多次变形操作,使其具有多个目标。

 提示

（1）这两个对象必须是网格、面片或多边形对象。

（2）这两个对象必须包含相同的顶点数。

8.5.2　任务实施

任务目标

（1）理解变形动画。

（2）能够使用创建变形复合对象的方法来制作变形动画。

任务描述

使用创建变形动画的方法,制作花朵逐渐开放的动画。具体效果请参见本书电子教学资源包上"任务相关文档"文件夹中的文件文件"任务 22.max"和"任务 22.avi",其静态渲染图如图 8-28 所示。

图 8-28　开放的花朵

制作思路

（1）制作一个花苞模型和一个开放的花朵模型（这两个模型必须具有相同的顶点数）。

（2）对花苞创建变形复合对象,指定花朵为其目标对象。

 操作步骤 ▶▶▶▶▶▶ START

（1）启动 3ds Max 2012 后,打开本书电子教学资源包上"场景"文件夹中的文件"场景 8-5.max",该文件场景中包括一个未开放的花苞模型,以及一个已开放的花朵模型（这两个模型的建模均可以通过对球体应用"FFD"修改器的方法来实现）,如图 8-29 所示。

（2）在视图中选择花苞,然后打开"创建/几何体/复合对象"命令面板,再在"对象类型"卷展栏中单击"变形"按钮,这时命令面板中显示出"拾取目标"卷展栏,如图 8-30 所示。

图 8-30 "拾取目标"卷展栏

图 8-29 花苞和花朵

（3）拖动时间滑块到第 100 帧，再在命令面板中单击"拾取目标"按钮，然后在视图中单击选择花朵。这时花苞变成了花朵，同时从轨迹栏中可以看到第 0 帧和第 100 帧的位置自动添加了两个关键点。

（4）在视图中选择原来的花朵模型，再单击快捷键 Delete 删除该模型。

（5）单击动画控制区中的 ▶ 按钮，从透视图中观察动画效果。

（6）激活透视图后，单击工具栏中的 🖼 按钮渲染动画。最后，选择"渲染/查看图像文件"菜单，播放动画文件。

8.6 本章快捷键汇总

功　　能	快　捷　键
前一时间单位	<
下一时间单位	>
到起始帧	Home
到最后一帧	End
切换自动关键点模式	N
播放或停止动画	/
打开渲染设置对话框	F10

8.7 拓展训练

8.7.1 闪烁的霓虹灯

训练内容

通过对材质参数的设置，可以实现动态的材质效果，如物体颜色的变化、纹理的变化、透明度的变化等。

参照本书电子教学资源包上"拓展训练"文件夹中的文件"实训 8-1.avi"，利用材质参数的变化制作霓虹灯闪烁动画，其静态渲染图如图 8-31 所示。

图 8-31 闪烁的霓虹灯

训练重点

（1）熟悉在 3ds Max 2012 中制作动画的一般流程。

（2）掌握使用自动关键点模式制作动画的方法。

（3）掌握材质变换动画的制作方法。

（4）能够熟练进行动画的渲染设置。

操作提示

（1）启动 3ds Max 2012 后，打开本书电子教学资源包上的文件"场景\场景 8-6.max"，该文件提供了一个简单的室外场景，其中一幢小楼的屋顶上有一个"如意客栈"的霓虹灯模型。

（2）设置霓虹灯材质。单击快捷键 M 打开材质编辑器，选定一个没有使用的示例窗。在"Blinn 基本参数"卷展栏中，将漫反射颜色设置为红色，高光级别和光泽度值分别设置为 90 和 60，自发光值设置为 90。最后将该示例窗的材质指定给霓虹灯模型。

（3）设置材质动画。单击"自动关键点"按钮，使之变成红色显示。拖动时间滑块到第 25 帧，然后在材质编辑器中，将霓虹灯材质示例窗的漫反射颜色修改为暗红色，自发光值修改为 0。

（4）关闭材质编辑器，再次单击"自动关键点"按钮，使之恢复成灰色。在轨迹栏中，将光标移到第 0 帧处的黑色关键点标记处，单击快捷键 Shift 向右拖动鼠标，将该关键点分别复制到第 50 帧和第 100 帧的位置。再用相同的方法，在轨迹栏上将第 25 帧的关键点复制到第 75 帧。

（5）单击动画控制区中的 ▶ 按钮，从 Camera001 视图中观察动画。可以看到"如意客栈"

一明一暗的闪烁效果。

（6）激活 Camera001 视图后，单击工具栏中的 渲染动画。最后，选择"渲染/查看图像文件"菜单，播放动画文件。

8.7.2　荡漾的水面

训练内容

参照本书电子教学资源包上"拓展训练"文件夹中的文件"实训 8-2.avi"，制作一个水波荡漾的动画，其静态渲染图如图 8-32 所示。

图 8-32　荡漾的水面

训练重点

（1）掌握水面材质的设置方法。

（2）掌握波纹动画的制作方法。

操作提示

（1）启动 3ds Max 2012 后，打开本书电子教学资源包上的文件"场景\场景 8-7.max"，该文件提供了一个荷塘场景，如图 8-33 所示。下面，通过对水面设置相应的材质，使其具有波纹效果。

图 8-33　设置水面材质之前的场景

（2）设置水面的镜面反射效果。单击快捷键 M 打开材质编辑器，选择第一个示例球（该示例材质已经指定给了水面）。展示"贴图"卷展栏，设置反射贴图为"平面镜"。在"平面镜参数"卷展栏中，勾选"应用于带 ID 的面"，再在"扭曲"参数栏中选择"使用内置噪波"，如图 8-34 所示。渲染 Camera001 视图，其效果如图 8-35 所示。

图 8-34　设置"平面镜参数"　　　　　　　　图 8-35　水面的镜面反射效果

（3）设置水面的波纹效果。继续在材质编辑器中设置第一个示例球的漫反射贴图为"波浪"，在"波浪参数"卷展栏中，设置"颜色#1"为淡绿色，设置"颜色#2"为绿色。如图 8-36 所示，设置"波浪参数"卷展栏中的其他参数。再次渲染 Camera001 视图，其效果如图 8-37 所示。

图 8-36　设置"波浪参数"　　　　　　　　图 8-37　水面的波纹效果

（4）设置波纹动画。首先设置动画的长度为 150 帧。单击"自动关键点"按钮，把时间滑块拖第 150 的位置，然后在材质编辑器的"波浪参数"卷展栏中，将"相位"设置为 2。再在反射贴图的"平面镜参数"卷展栏的"噪波"参数栏中，将"相位"设置为 2。

（5）再次单击"自动关键点"按钮，结束动画的录制。

（6）激活 Camera001 视图后，单击工具栏中的 ![按钮] 按钮并渲染动画。最后，选择"渲染/查看图像文件"菜单，播放动画文件。

习题与实训 8

一、填空题

（1）人们在短时间内观看一系列相关联的静止画面时会将其视为连续的动作，每个单幅画面被称为_____。

（2）PAL 制式的频率是_____帧/秒，NTSC 制式的频率是_____帧/秒。我国的电视信号采用_____制式。

（3）按住_____键不放，再在时间轴上拖动关键帧标记，就能复制该关键帧。

（4）动画控制区中，⊞ 按钮的作用是_____，◀▎▏▎ 按钮的作用是_____。

（5）如果把 A 对象链接到 B 对象上，那么父对象是_____，子对象则是_____。

（6）一个子对象可以有_____个父对象，而一个父对象可以有_____个子对象。

（7）能够被指定运动路径的对象，除了可以是三维或二维的物体之外，还可以是_____和_____等对象。

二、简答题

（1）简述使用自动关键点模式创建动画的一般步骤。

（2）怎样修改动画的总时间？

（3）在制作旋转动画和缩放动画时，如何调整轴心的位置？

（4）如何解除链接关系？

三、上机操作

参照本书电子教学资源包上"拓展训练"文件夹中的文件"实训 8-3.avi"，运用链接、路径约束等动画技术，制作蝴蝶飞舞的动画效果，静态渲染图如图 8-38 所示。

图 8-38　蝴蝶飞舞

第 9 章

粒子系统和空间扭曲

内容导读

3ds Max 2012 提供了功能强大的粒子系统，使用粒子系统可以非常方便地创建雨、雪、烟、火花、瀑布、喷泉等动画效果。

空间扭曲可以通过空间作用对其他物体施加某种特定的影响。空间扭曲作用于粒子系统，可以制作出动态的水流、烟雾等效果。

本章重点介绍利用 3ds Max 2012 提供的粒子系统及空间扭曲，来制作雨、礼花、落叶等一些典型的动画特效。

知识和技能	学习要求	
	了　解	掌　握
粒子系统的特点	●	
创建粒子系统的一般方法	●	
喷射粒子系统的应用		●
超级喷射粒子系统的应用		●
空间扭曲的应用		●

9.1 任务 23：雨景——使用喷射粒子

9.1.1 预备知识：粒子系统

粒子系统是 3ds Max 提供的特效工具，它使用程序的方法为大量的小型对象设置动画，用于创建大量的粒子集合并制作粒子流的动画效果，如创建暴风雪、水流或爆炸等。粒子系统本身提供了一些简单的粒子形状，也可将场景中的任何几何体定义为粒子形状。粒子系统还能像普通几何体一样被赋予材质。

3ds Max 提供了两种不同类型的粒子系统：事件驱动粒子系统和非事件驱动粒子系统。通常情况下，对于简单动画，如雨、雪或喷泉，使用非事件驱动粒子系统进行设置时，要更为快捷和方便。而对于较复杂的动画，如随时间生成不同类型粒子的爆炸（如碎片、火焰和烟雾等），使用事件驱动的"粒子流"则可以获得最大的灵活性和可控性。

在"创建/几何体"命令面板的下拉列表中，选择"粒子系统"，即可进入创建粒子系统的命令面板，其中提供了 7 种粒子系统，如图 9-1 所示。

图 9-1 创建粒子系统的命令面板

（1）PF Source（粒子流），是一种功能较强的事件驱动粒子系统，可以制作多种粒子动画效果。除了 PF Source 之外，其余的 6 种粒子系统都是非事件驱动粒子系统。

（2）喷射，是最基本、最简单的粒子系统之一，主要用来制作下雨、瀑布等效果。

（3）雪，是最基本、最简单的粒子系统之一，主要用来制作下雪效果。

（4）超级喷射，从一个点向外发射粒子流，可以使用场景中的几何体来作为粒子形状。

（5）暴风雪，同样用于模拟雪景，但比雪粒子系统功能强大。

（6）粒子阵列，可以选择从某一物体发射粒子，粒子分布多样。

（7）粒子云，使用粒子来填充特定的体积。应用粒子云可以创建一群鸟、一个星空等效果，可以将场景中任何可渲染的对象作为限定粒子云的体积。

9.1.2 任务实施

 任务目标

（1）了解粒子系统的作用。

（2）掌握喷射粒子系统的使用方法。

任务描述

使用喷射粒子制作下雨的动画效果，并用一幅河岸图片作为动画背景。具体效果请参见本书电子教学资源包上"任务相关文档"文件夹中的文件"任务 23.max"和"任务 23.avi"，其静态渲染图如图 9-2 所示。

图 9-2　雨景

制作思路

（1）创建喷射粒子发射器，通过粒子参数的设置来模拟下雨的动画。

（2）用一幅河岸图片作为动画背景，以烘托整个雨景的氛围。

操作步骤　　　　　　　　　　　　　▶▶▶▶▶▶ **START**

1．制作下雨的动画

（1）打开"创建/几何体"命令面板，在下拉列表中选择"粒子系统"。

（2）在"对象类型"卷展栏中，使用"喷射"命令，在顶视图中拖放鼠标创建一个喷射粒子发射器，在前视图中，将粒子发射器移到视图上方，如图 9-3 所示。

（3）预览动画。激活透视图，再单击动画控制区中的 ▶ 按钮预览动画效果。

（4）设置粒子参数。选择粒子发射器后，在"修改"面板的"参数"卷展栏中，设置"视口计数"和"渲染计数"的值均为 1500，设置"水滴大小"的值为 10，"变化"的值为 0.5。在"计时"栏中，设置"开始"的值为 -50，"寿命"的值为 50。在"发射器"栏中，设置"宽度"和"长度"的值均为 300，其他参数设置如图 9-4 所示。

图 9-3　喷射粒子发射器

图 9-4　设置喷射粒子的参数

239

2．设置雨滴材质

（1）单击快捷键 M 打开材质编辑器。将一个示例球材质指定给粒子发射器。在"Blinn 基本参数"卷展栏中，设置雨滴材质的"漫反射"颜色为白色，设置"高光级别"为 80，"光泽度"为 50。

（2）在"扩展参数"卷展栏中，设置"衰减"为"内"方式，"数量"的值为 60，设置"类型"为"相加"。渲染透视图，其效果如图 9-5 所示。

图 9-5　雨滴的材质效果

3．设置背景图片

（1）选择"渲染/环境"菜单，在打开的"环境效果"对话框的背景栏中，单击"无"长按钮。

（2）在弹出的"材质/贴图浏览器"对话框中，双击"位图"，然后在弹出的对话框中选择一幅河岸的图片（本书电子教学资源包上"任务相关文档\素材"文件夹中的"河岸.jpg"文件）作为动画的背景。

4．渲染动画

（1）单击工具栏中的 ![按钮] 按钮或单击快捷键 F10，弹出"渲染场景"对话框。在其中的"时间输出"栏中，选择"活动时间段"选项，再在"渲染输出"栏中单击"文件"按钮，将输出的动画文件设置为"任务 23.avi"，最后单击对话框底部的"渲染"按钮，逐帧渲染动画。

（2）观看动画文件的效果。选择"渲染/查看图像文件"菜单，在弹出的对话框中选择刚才生成的动画文件"任务 23.avi"，再单击"打开"按钮，即可观看到下雨的动画效果。

9.1.3　知识拓展 1：喷射粒子的主要参数

喷射粒子系统主要用于模拟雨、喷水、水流等效果，其"参数"卷展栏如图 9-6 所示。

粒子　用于设置粒子的数量、大小、速度等。

视口计数　设置视图中粒子的显示数量。

渲染计数　设置渲染时显示的粒子数量。

水滴大小　设置水滴的尺寸大小。

速度　每个粒子离开发射器时的初始速度。粒子以此速度运动，除非受到粒子系统空间扭曲的影响。

图 9-6 喷射粒子的"参数"卷展栏

变化 改变粒子的初始速度和方向。该参数值越大,喷射越强并且范围越广。

水滴 圆点、十字叉:设置粒子在视图中的显示方式。此项设置不影响粒子的渲染方式。

渲染 用于设置渲染时粒子的形状。喷射粒子有两种渲染方式:四面体和面。

计时 控制粒子的出生和消亡速率。

开始 设置发射器从第几帧开始发射粒子。其值可以是包括负值在内的任何帧值,默认值为 0。

寿命 设置粒子的生命周期(以帧为单位计数)。

出生速率 每一帧发射的粒子数量。如果此设置小于或等于最大可持续速率,那么粒子系统将生成均匀的粒子流。如果此设置大于最大速率,则粒子系统将生成突发的粒子。

恒定 启用该选项后,"出生速率"不可用,这时所用的出生速率等于最大可持续速率。禁用该选项后,"出生速率"可用。默认设置为启用状态。

射器 设置粒子发射器的大小。

宽度和长度 设置粒子发射器的宽度和长度。

隐藏 勾选该复选框后,粒子发射器将不在视图中显示出来。

🔊 提示

粒子发射器是不能被渲染的。

9.1.4 知识拓展 2：雪粒子的主要参数

雪粒子系统主要用于模拟降雪或投撒的纸屑动画，如图 9-7 所示为使用雪粒子系统制作的飘雪场景。雪粒子与喷射粒子类似，但雪粒子系统提供了其他参数来生成翻滚的雪花，渲染选项也有所不同。

雪粒子的"参数"卷展栏如图 9-8 所示。

图 9-7 飘雪

图 9-8 雪粒子的"参数"卷展栏

雪粒子系统和喷射粒子系统的主要参数基本相同，下面仅介绍雪粒子系统特有的参数。

粒子　用于设置粒子的数量、大小、速度等。

雪花大小　设置生成的雪花粒子的大小。

翻滚　设置雪花粒子的随机旋转量。此参数值可以为 0～1。当该参数设置为 0 时，雪花不旋转；当该参数设置为 1 时，雪花旋转最多。每个粒子的旋转轴随机生成。

翻滚速率　设置雪花的旋转速度。

雪花、圆点、十字叉：设置粒子在视图中的显示方式。此项设置不影响粒子的渲染方式。

渲染　用于设置渲染时粒子的形状，可设置为六角形、三角形或（正方形的）面。

9.2 **任务** 24：喷泉——使用超级喷射粒子和重力空间扭曲

9.2.1 预备知识：超级喷射粒子的主要参数

超级喷射粒子系统从一个点向外发射粒子流。与喷射粒子系统相比，超级喷射粒子系统的功能更加强大，其参数设置也更加复杂。

1."基本参数"卷展栏

超级喷射粒子系统的"基本参数"卷展栏如图 9-9 所示。

轴偏离和扩散 设置粒子流与发射中心 Z 轴之间的偏离角度,以产生斜向的喷射效果。其下的"扩散"参数用于设置粒子的扩散范围。

平面偏离和扩散 设置粒子流在发射器平面上的偏离角度(如果"轴偏离"设置为 0,则此项设置无效)。其下的"扩散"参数用于设置粒子在发射器平面上发射后散开的角度,可产生空间喷射的效果。

2."粒子生成"卷展栏

超级喷射粒子系统的"粒子生成"卷展栏用于设置粒子产生的时间和速度、粒子的移动方式,以及不同时间粒子的大小,如图 9-10 所示。

图 9-9 超级喷射粒子系统的"基本参数"卷展栏

图 9-10 超级喷射粒子系统的"粒子生成"卷展栏

粒子数量 设置粒子数量的确定方法。

使用速率 指定每帧发射的固定粒子数。使用微调器可以设置每帧产生的粒子数。通常,"使用速率"适用于连续的粒子流。

使用总数 指定在粒子系统寿命内产生的总粒子数。通常,"使用总数"适用于短期内突发的粒子流。

粒子运动 控制粒子的发射速度。

速度 指定粒子的发射速度。

变化 设置每一个粒子发射时速度的变化量。

粒子计时 指定粒子发射开始和停止的时间，以及各个粒子的寿命。

发射开始 设置粒子开始在场景中出现时所在的帧。

发射停止 设置粒子停止发射时所在的帧。

显示时限 设置所有粒子消失的帧。

寿命 设置粒子诞生后的生存时间（以帧数计）。

粒子大小 用于调整粒子的大小。

大小 设置粒子的大小。

增长耗时 设置粒子从很小增长到"大小"参数设置的值所经历的帧数。

衰减耗时 设置粒子在消亡之前缩小到"大小"参数值的 1/10 所经历的帧数。

3."粒子类型"卷展栏

"粒子类型"卷展栏用于设置粒子类型，以及对粒子执行的贴图的类型，如图 9-11 所示。

（1）粒子类型：可在此参数栏中设置粒子为标准粒子、变形球粒子或实例几何体粒子。启用每一个粒子类型后，其后相应的参数设置将被激活。

（2）标准粒子：在"粒子类型"中选择"标准粒子"后，此参数栏被激活。其中提供了 8 种不同的标准粒子类型。

图 9-11 超级喷射粒子系统的"粒子类型"卷展栏

（3）变形球粒子参数：在"粒子类型"中选择"变形球粒子"后，此参数栏被激活。变形球粒子是一种可以黏在一起的粒子，可用于制作流动的液体效果。

（4）实例参数：在"粒子类型"中选择"实例几何体"后，此参数栏被激活。单击其中的"拾取对象"按钮后，可在视图中选择要作为粒子使用的对象。

9.2.2 任务实施

 任务目标

（1）掌握超级喷射粒子系统的使用方法。

（2）理解重力空间扭曲的作用，掌握其使用方法。

 任务描述

本任务将使用超级喷射粒子系统和重力空间扭曲制作水池喷泉的动画，具体效果请参见本书电子教学资源包上"任务相关文档"文件夹中的文件"任务 24.max"和"任务 24.avi"，其静态渲染图如图 9-12 所示。

图 9-12　水池喷泉

 制作思路

（1）由下向上喷射的喷泉由超级喷射粒子模拟。

（2）喷泉在高处往下落的效果通过重力空间扭曲实现。

操作步骤 ▶▶▶▶▶▶▶ **START**

1．创建超级喷射粒子

（1）启动 3ds Max 2012 之后，打开本书电子教学资源包上"场景"文件夹中的文件"场景 9-1.max"，其中提供了一个水池的场景。

（2）创建超级喷射粒子。在"创建/几何体"命令面板的下拉列表中，选择"粒子系统"。在"对象类型"卷展栏中，单击"超级喷射"命令按钮，然后在顶视图中拖放鼠标创建一个超级喷射粒子发射器。

（3）单击工具栏中的 按钮，将粒子发射器的轴心与水池中间的喷头对齐，其效果如图 9-13 所示。

图 9-13　超级喷射粒子发射器的位置

2．设置超级喷射粒子的参数

（1）激活透视图，单击动画控制区中的 ▶ 按钮预览动画效果。这时，可以看到粒子呈线形喷射且粒子的数量很少，如图 9-14 所示。

（2）设置粒子参数。确认超级喷射粒子被选择，打开"修改"命令面板。在"基本参数"卷展栏的"粒子分布"栏中，将"轴偏离"下面的"扩散"设置为 30，再将"平面偏离"下面的"扩散"值设置为 180。单击动画控制区中的 ▶ 按钮预览动画效果，可以看到粒子呈锥形分散状态喷射。

（3）设置粒子数量。在"基本参数"卷展栏的"视口显示"栏中，将"粒子数百分比"的值从原来的 10 设置为 100，这时视图中的粒子数量变多了。在"粒子生成"卷展栏的"粒子数量"栏中，设置"使用速率"值为 200，其效果如图 9-15 所示。

图 9-14　超级喷射粒子的初始喷射状态

图 9-15　调整粒子数量后粒子的喷射状态

（4）在"粒子生成"卷展栏的"粒子计时"栏中，设置"发射开始"为-30，"发射停止"为 100。在"粒子大小"栏中，设置"大小"为 15。

（5）渲染透视图，其效果如图 9-16 所示。

图 9-16　粒子的初始渲染效果

3．为粒子施加重力作用

（1）在"创建"命令面板中，单击上方的 ⬚ 按钮进入"空间扭曲"面板。确认其下拉列表中为"力"选项，如图 9-17 所示。

（2）在"对象类型"卷展栏中，单击"重力"按钮，然后在顶视图中拖动鼠标创建一个重力空间扭曲图标。

（3）将重力图标与超级喷射粒子绑定在一起。确认"重力"图标被选择，单击工具栏中的 ⬚ 按钮后，在顶视图中将光标移到"重力"图标处，再按下鼠标左键朝粒子发射器拖动鼠标，当连接的虚线拖到粒子发射器上后，释放鼠标左键，这样就把重力空间扭曲与超级喷射粒子绑定在一起了。这时粒子的喷射状态如图 9-18 所示。

图 9-17 "创建/空间扭曲"命令面板　　　　图 9-18 施加重力影响后粒子的喷射状态

由图 9-18 可以看出，绑定重力空间扭曲后，粒子喷射的高度太低。下面通过调整粒子的相关参数来改变喷泉的喷射高度。

（4）选择超级喷射粒子，在"修改"命令面板的修改器堆栈中，单击"SuperSpray"按钮，然后在命令面板的"粒子生成"卷展栏中，将"速度"增大至 50。这时粒子的喷射高度增加了，如图 9-19 所示。

（5）进一步调整粒子的扩散角度。在"基本参数"卷展栏的"粒子分布"栏中，将"轴偏离"下面的"扩散"值由原来的 30 修改为 10，其效果如图 9-20 所示。

图 9-19 增大"速度"值后粒子喷射状态的变化　　　图 9-20 减小粒子的扩散角度后粒子的喷射状态

4．设置喷泉材质

（1）单击快捷键 M 打开材质编辑器。将一个未使用的示例球材质指定给粒子发射器。在"Blinn 基本参数"卷展栏中，设置雨滴材质的"漫反射"颜色为白色，设置"高光级别"为80，"光泽度"为 50。

（2）在"扩展参数"卷展栏中，设置"衰减"为"内"方式，"数量"的值为 30，设置"类型"为"相加"。渲染透视图，其效果如图 9-21 所示。

图 9-21 设置粒子材质后的效果

5. 设置运动模糊效果

由渲染图 9-21 中可以看出，作为喷泉的粒子都非常清晰。为了增加真实感，下面为粒子系统设置运动模糊效果。

（1）创建目标摄影机。打开"创建/摄影机"命令面板，单击"目标"按钮，在顶视图中创建一个目标摄影机，并将透视图切换为摄影机视图。如图 9-22 所示，调整摄影机的位置和角度。

图 9-22　摄影机的位置和角度

（2）启用摄影机的运动模糊特效。确认摄影机被选择，打开"修改"命令面板，在"参数"卷展栏的"多过程效果"栏中，勾选"启用"复选框，并在其下拉列表中选择"运动模糊"

（3）渲染摄影机视图，可以看到粒子具有了运动模糊效果，如图 9-23 所示。

图 9-23　增加了运动模糊效果后粒子的喷射状态

6. 渲染动画

激活摄影机视图后，单击工具栏中的 ![按钮] 按钮并渲染动画。最后，再使用"渲染/查看图像文件"菜单，播放动画文件。

9.2.3　知识拓展：空间扭曲

空间扭曲是一种特殊的辅助建模工具。空间扭曲对象本身不可渲染，但能够使其他对象发生变形，产生爆炸、水波、风吹、流水等空间效果。

图 9-24　6 种空间扭曲

在创建命令面板中，单击面板上方的 ![按钮] 按钮即可进入空间扭曲创建面板。3ds Max 2012 提供了 6 种类型的空间扭曲，如图 9-24 所示。

其中，力空间扭曲通常与粒子系统绑定使用，用于表现粒子系统受到重力、风力、推力等外力作用的效果。"几何/可变形"空间扭曲可用于对几何体进行空间变形。"基于修改器"空间扭曲的效果则类似于编辑修改器，不同之处是基于修改器空间扭曲的对象可作用于整个场景中的所有几何体。

1．应用空间扭曲的一般步骤

（1）创建要应用空间扭曲的对象，它们可以是粒子系统，也可以是几何体。

（2）创建空间扭曲对象。在创建命令面板中，单击面板上方的 按钮进入空间扭曲面板，然后在其下拉列表中选择需要的空间扭曲类型。

（3）在"对象类型"卷展栏中，单击一个空间扭曲命令按钮后，在视图中拖动鼠标创建一个空间扭曲对象。

（4）将空间扭曲对象与要扭曲的其他对象绑定在一起。单击工具栏中的"绑定到空间扭曲"按钮 后，在视图中选择空间扭曲对象，然后拖动鼠标到要扭曲的对象上，最后释放鼠标即可。

（5）调整空间扭曲对象的参数，或是调整空间扭曲对象与捆绑对象之间的相对位置。

下面，重点介绍用于粒子系统的力空间扭曲。

2．力空间扭曲

力空间扭曲可以改变粒子系统中粒子的喷射或洒落方向。有 9 种类型的力空间扭曲，如图 9-25 所示。

（1）推力空间扭曲

推力空间扭曲作用于粒子系统时，可产生一种大小和方向统一的推力，如图 9-26 所示。

图 9-25　力空间扭曲　　　　　　　　图 9-26　推力空间扭曲效果

推力空间扭曲的"参数"卷展栏如图 9-27 所示。

图 9-27　推力空间扭曲的"参数"卷展栏

开始时间和结束时间　设置空间扭曲效果开始和结束时所在的帧编号。

强度控制　设置空间扭曲施加的力量及单位。

周期变化　通过随机地影响"基本力"的值使力发生变化。

粒子效果范围　设置粒子受推力效果影响的范围。

（2）马达空间扭曲

马达空间扭曲产生一种旋转的推力影响粒子系统，如图 9-28 所示。马达图标的位置和方向都会对围绕其旋转的粒子产生影响。其参数大多与推力空间扭曲参数相同。

（3）漩涡空间扭曲

漩涡空间扭曲产生一种扭转的力作用于粒子系统，使其形成一个漩涡。可以模拟自然界的龙卷风、漩涡等效果，如图 9-29 所示。

图 9-28　马达空间扭曲效果

图 9-29　漩涡空间扭曲的效果

漩涡空间扭曲的"参数"卷展栏如图 9-30 所示。

锥化长度　控制漩涡的长度。较小的值产生较紧的漩涡，而较大的值则产生较松的漩涡，默认设置为 100。

锥化曲线　控制漩涡的外形，其取值范围为 1～4。较小的值创建的漩涡开口比较宽大，而较大的值创建的漩涡，其边几乎呈垂直状。

轴向下拉　指定粒子沿下拉轴方向移动的速度。

范围　以系统单位数表示的距漩涡图标中心的距离，该距离内的轴向阻尼为全效阻尼。该参数只有在禁用了"无限范围"选项时才生效。

衰减　指定在"范围"外应用轴向阻尼的距离。

阻尼　定义阻尼的大小。

轨道速度　指定粒子旋转的速度。

径向拉力　指定粒子开始旋转时距下拉轴的距离。

顺时针/逆时针　指定粒子顺时针旋转还是逆时针旋转。

图 9-30　漩涡空间扭曲的"参数"卷展栏

（4）阻力空间扭曲

阻力空间扭曲对粒子运动产生一种阻力，使粒子在指定的范围内以指定的量减慢运动速度。阻力空间扭曲对象有线性、球形和柱形 3 种形状。如图 9-31 所示，显示了使用球形阻力空间扭曲后超级喷射粒子的喷射状态。

阻力空间扭曲的"参数"卷展栏如图 9-32 所示。

图 9-31　阻力空间扭曲效果　　　　　图 9-32　阻力空间扭曲的"参数"卷展栏

线性阻尼　各个粒子的运动被分离到空间扭曲的局部 X、Y 和 Z 轴向量中。在其上对各个向量施加阻尼的区域是一个无限的平面,其厚度由相应的"范围"值决定。

球形阻尼　该模式下其图标是一个球体。粒子运动被分解到径向和切向向量中。阻尼应用于球形体积内的各个向量。

柱形阻尼　该模式下其图标是一个圆柱体。粒子运动被分解到径向、切向和轴向向量中。

（5）粒子爆炸空间扭曲

粒子爆炸空间扭曲创建一种使粒子系统爆炸的冲击波,如图 9-33 所示。

粒子爆炸空间扭曲的"参数"卷展栏如图 9-34 所示。

图 9-33　粒子爆炸空间扭曲效果　　　　图 9-34　粒子爆炸空间扭曲的"参数"卷展栏

爆炸对称　指定爆炸效果的形状。

球形　爆炸力从爆炸图标向外朝所有方向辐射。其图标形似一个球形炸弹。

柱形　爆炸力垂直于中心轴向外辐射。其图标形似一个带引线的炸药棒。

平面　爆炸力垂直于平面图标所在的平面朝上方和下方辐射。其图标形似一个带箭头的平面。

混乱度　爆炸力针对各个粒子或各个帧而变化。该设置仅在"持续时间"设置为 0 时有效。

爆炸参数　设置爆炸的开始时间及持续时间，以及爆炸强度和范围。

（6）路径跟随空间扭曲

路径跟随空间扭曲对象可以使粒子系统沿着指定的路径运动，如图 9-35 所示。

路径跟随空间扭曲的"参数"卷展栏如图 9-36 所示。

图 9-35　路径跟随空间扭曲效果　　　　图 9-36　路径跟随空间扭曲的"参数"卷展栏

拾取图形对象　单击该按钮后，可在视图中单击选择一个样条线作为粒子的运动路径。

运动计时　设置粒子受路径跟随影响的时间长短。

沿偏移样条线　如果粒子的发射点位于样条线的第一个顶点处，则粒子会沿样条线路径运动。如果把路径向背离粒子系统的方向移动，则粒子会受此偏移的影响。

沿平行样条线　粒子沿着一条平行于粒子系统的指定路径运动。在该模式中，路径相对于粒子系统的位置是无关紧要的。

恒定速度　启用该选项时，所有粒子都以相同的速度移动。

粒子流锥化　使粒子随时间以路径为中心全部会聚或发散，或者部分会聚或发散。通过选择"会聚"、"发散"或"二者"可以设置效果，从而在路径长度上产生一种锥化效果。

（7）置换空间扭曲

置换空间扭曲可对粒子系统和任何可变形几何体进行位置转换的空间扭曲，并应用位图的灰度生成位移量，如图 9-37 所示。

图 9-37 置换空间扭曲效果

置换空间扭曲的"参数"卷展栏如图 9-38 所示。

图 9-38 置换空间扭曲的"参数"卷展栏

置换 该参数栏提供置换空间扭曲的基本控制参数。

强度 设置置换空间扭曲的强度。

衰退 该参数值为 0 时,置换空间扭曲在整个世界空间内有相同的强度。增加该参数值会导致强度从置换空间扭曲对象所在位置开始随距离的增加而减弱。

图像 选择用于置换空间扭曲的位图和贴图。

贴图 提供了 4 种贴图模式,用于控制置换空间扭曲对象进行投影的方式,并控制在绑定对象上出现置换扭曲效果的位置。

（8）重力空间扭曲

重力空间扭曲可模拟自然界的重力影响,如图 9-39 所示。

重力空间扭曲的"参数"卷展栏如图 9-40 所示。

图 9-39　重力空间扭曲效果

图 9-40　重力空间扭曲的"参数"卷展栏

强度　增大该参数值会加强重力的效果，即对象的移动与重力图标的方向箭头的相关程度，小于 0 的强度会创建负向重力。

衰退　该参数值为 0 时，重力空间扭曲用相同的强度贯穿于整个世界空间。增大该参数值会导致重力强度从重力空间扭曲对象的所在位置开始随距离的增加而减弱。

平面　重力效果垂直于重力扭曲对象所在的平面。

球形　重力效果为球形，并以重力扭曲对象为中心。

（9）风空间扭曲

风空间扭曲模拟风力影响，用于设置粒子受到风吹后的效果，如图 9-41 所示。

风空间扭曲的"参数"卷展栏如图 9-42 所示。

图 9-41　风空间扭曲效果

图 9-42　风空间扭曲的"参数"卷展栏

湍流　使粒子在被风吹动时随机地改变路线。该参数值越大，湍流效果就越明显。

频率　该参数值大于 0 时，会使湍流效果随时间呈周期变化。

比例　缩放湍流效果。

3. 几何/可变形空间扭曲

"几何/可变形"空间扭曲用于对几何体进行空间扭曲变形，它包括了 7 种类型，如图 9-43 所示。

图 9-43　几何/可变形空间扭曲

（1）FFD（长方体）和 FFD（圆柱体）

FFD 空间扭曲的作用类似于 FFD 编辑修改器，它可以同时作用于场景中的多个几何体，通过调整其控制点使绑定的几何体扭曲变形。

（2）波浪

用于创建线形波浪的变形效果，如图 9-44 所示。

（3）涟漪

用于创建环形波浪的变形效果，如图 9-45 所示。

图 9-44　波浪空间扭曲的变形效果　　　　　图 9-45　涟漪空间扭曲的变形效果

（4）置换

可对物体进行位置转换的造型扭曲。通过对置换空间扭曲对象位置、强度、贴图的调整来使物体局部造型发生空间位置上的变化，如图 9-46 所示。

图 9-46　置换空间扭曲加载的贴图及其变形效果

（5）一致

一致空间扭曲可实现包裹功能，如图 9-47 所示。

图 9-47　一致空间扭曲的效果

（6）爆炸

用于将物体爆炸成碎片，如图 9-48 所示。

图 9-48　爆炸空间扭曲的变形效果

9.3　本章快捷键汇总

功　能	快　捷　键
显示／隐藏粒子	Shift + P
播放或停止动画	/
打开渲染设置对话框	F10

9.4　拓展训练

9.4.1　飘落的叶片

训练内容

参照本书电子教学资源包上"拓展训练"文件夹中的文件"实训 9-1.max"和"实训 9-1.avi"，使用雪粒子系统制作叶子飘落的动画，其静态渲染图如图 9-49 所示。

图 9-49　飘落的叶片

训练重点

（1）雪粒子系统的应用。

（2）使用漫反射贴图和不透明度贴图将粒子的形状变成银杏树叶形状。

操作提示

（1）创建雪粒子系统。启动 3ds Max 2012 后，使用"创建/几何体/粒子系统"命令面板中的"雪"命令，创建雪粒子系统。

（2）如图 9-50 所示设置雪粒子系统的相关参数。

图 9-50 设置雪粒子系统的参数

（3）设置粒子材质。打开材质编辑器，将一个样本小球作为叶子材质指定给雪粒子发射器。设置样本小球的漫反射颜色贴图为本书电子教学资源包上"材质\其他"文件夹中的文件"银杏 01．tif"，再设置其不透明贴图为本书电子教学资源包上"材质\其他"文件夹中的文件"银杏 02.tif"。同时设置两种贴图的 U、V 方向的平铺数均为 1.25。

（4）设置渲染背景。选择"渲染/环境"菜单，在打开的"环境效果"对话框的"背景"栏中，设置动画背景为本书电子教学资源包上"材质\其他"文件夹中的文件"银杏 03.jpg"。

（5）单击工具栏中的 ![按钮] 按钮渲染动画。

9.4.2　绽放的礼花

训练内容

参照本书电子教学资源包上"拓展训练"文件夹中的文件"实训 9-2.max"和"实训 9-2.avi"，使用超级喷射粒子制作礼花绽放的动画，其静态渲染图如图 9-51 所示。

图 9-51　绽放的礼花

训练重点

（1）超级喷射粒子的应用。

（2）设置"粒子年龄"材质。

（3）摄影机运动模糊特效的应用。

操作提示

（1）启动 3ds Max 2012 后，在"创建/几何体"命令面板的下拉列表中，选择"粒子系统"。在"对象类型"卷展栏中，单击"超级喷射"命令按钮，然后在顶视图中拖放鼠标创建一个超级喷射粒子发射器。

（2）激活透视图，单击 ▶ 按钮预览动画效果。这时，可以看到粒子呈线形喷射，且粒子的数量较少，如图 9-52 所示。

图 9-52　更改粒子参数前的喷射效果

（3）设置超级喷射粒子系统的参数。确认超级喷射粒子被选择，打开"修改"命令面板。在"基本参数"卷展栏的"粒子分布"栏中，将"轴偏离"和"平面偏离"下面的"扩散"均设置为180，单击动画控制区中的 ▶ 按钮预览动画效果，可以看到粒子从一点向四周喷射。

（4）设置粒子数量。在"基本参数"卷展栏的"视口显示"栏中，将"粒子数百分比"的值从原来的 10 更改为 100，这时视图中的粒子数量变多了，如图 9-53 所示。

（5）在"粒子生成"卷展栏的"粒子数量"栏中，设置"使用速率"值为 100。在"粒子计时"栏中，设置"发射开始"为 0，"发射停止"为 20，"寿命"为 70。在"粒子大小"栏中，设置"大小"为 40。渲染透视图，其效果如图 9-54 所示。

图 9-53　调整参数后粒子的喷射状态

图 9-54　粒子的初始渲染效果

（6）为粒子施加重力作用。在"创建"命令面板中，单击上方的 ![按钮] 按钮进入"空间扭曲"面板。在"对象类型"卷展栏中，单击"重力"按钮，然后在顶视图中拖动鼠标创建一个重力空间扭曲图标。

（7）将重力空间扭曲与超级喷射粒子绑定在一起。确认重力空间扭曲图标被选择，单击工具栏中的 ![按钮] 按钮后，在顶视图中将光标移到重力空间扭曲图标处，再按下鼠标左键，朝超级喷射粒子拖动鼠标，释放鼠标左键后，就把重力空间扭曲与超级喷射粒子绑定在一起了。这时粒子的喷射状态如图 9-55 所示。

图 9-55　施加重力影响后粒子的喷射状态

（8）设置重力空间扭曲的参数。选择重力空间扭曲图标后，打开"修改"面板。在"参数"卷展栏中，将"强度"值由原来的 1 更改为 0.15。

下面，为超级喷射粒子设置特定的材质，使其颜色在喷射的过程中随着粒子的生命期发生变化。

（9）设置礼花材质。单击快捷键 M 打开材质编辑器。将一个示例窗作为礼花材质指定给超级喷射粒子。

（10）在"Blinn 基本参数"卷展栏中，设置礼花材质的"自发光"为 100。单击"漫反射"右侧的小方块按钮，在弹出的"材质/贴图浏览器"窗口中，双击"粒子年龄"，这时"粒子年龄参数"卷展栏即出现在材质编辑器中，如图 9-56 所示。分别将"颜色#1"、"颜色#2"和"颜色 #3"设置为白色、黄色和红色。（为了增加粒子的发光强度，可将设置好的漫反射贴图复制到反射贴图中。）

（11）渲染透视图，从渲染图中可以看出，作为礼花的粒子都非常清晰，如图 9-57 所示。为了增加真实感，下面为粒子系统设置运动模糊效果。

图 9-56 "粒子年龄参数"卷展栏

图 9-57 设置运动模糊前的粒子效果

（12）创建目标摄影机。打开"创建/摄影机"命令面板，单击"目标"按钮，在顶视图中创建一个目标摄影机，并将透视图切换为摄影机视图。如图 9-58 所示，调整摄影机的位置和角度。

图 9-58 摄影机的位置和角度

（13）启用摄影机的运动模糊特效。确认摄影机被选择，打开"修改"命令面板，在"参数"卷展栏的"多过程效果"栏中，勾选 "启用"复选框，并在其下拉列表中选择"运动模糊"。

（14）在"运动模糊参数"卷展栏中，将"持续时间（帧）"的值设置为 3。

（15）拖动时间滑块到第 40 帧处，渲染摄影机视图，可以看到粒子具有了运动模糊效果，看上去更像礼花了，如图 9-59 所示。

图 9-59 增加了运动模糊效果后粒子的喷射效果

（16）用相同的方法再制作一朵礼花，将其"发射开始"设置为 20，"发射停止"设置为 50，"显示时限"设置为 120，这样，第二朵礼花就会在第一朵礼花之后绽放。为第二朵礼花指定"粒子年龄"材质，并设置与第一朵礼花不同的颜色。

（17）激活摄影机视图后，单击工具栏中的 按钮并渲染动画。最后，再使用"渲染/查看图像文件"菜单，播放动画文件。

 习题与实训 9

一、填空题

（1）在"创建/几何体"命令面板的下拉列表中，选择_____，即可进入创建粒子系统的命令面板。

（2）3ds Max 2012 提供了 7 种粒子系统，它们分别是 PF Source、_____、_____、_____、阵列、粒子云和_____。

（3）3ds Max 2012 提供了 6 种类型的空间扭曲，其中，_____类型的空间扭曲通常用于对几何体进行空间变形，_____空间扭曲通常与粒子系统绑定使用，用于表现粒子系统受到重力、风力、推力等外力作用的效果。

（4）使用"几何/可变形"空间扭曲中的_____，可以制作爆炸效果。

二、简答题

（1）简述创建粒子系统的一般步骤。

（2）简述应用空间扭曲的一般步骤。

（3）"力"空间扭曲有哪几种类型？

三、上机操作

参照本书电子教学资源包上"拓展训练"文件夹中的文件"实训 9-3.max"和"实训 9-3.avi"，制作"三维动画" 4 个文字依次爆炸的动画，如图 9-60 所示。

图 9-60 爆炸的文字景

反侵权盗版声明

电子工业出版社依法对本作品享有专有出版权。任何未经权利人书面许可，复制、销售或通过信息网络传播本作品的行为；歪曲、篡改、剽窃本作品的行为，均违反《中华人民共和国著作权法》，其行为人应承担相应的民事责任和行政责任，构成犯罪的，将被依法追究刑事责任。

为了维护市场秩序，保护权利人的合法权益，我社将依法查处和打击侵权盗版的单位和个人。欢迎社会各界人士积极举报侵权盗版行为，本社将奖励举报有功人员，并保证举报人的信息不被泄露。

举报电话：（010）88254396；（010）88258888

传　　真：（010）88254397

E-mail：　dbqq@phei.com.cn

通信地址：北京市万寿路 173 信箱

　　　　　电子工业出版社总编办公室

邮　　编：100036